鷲の翼
F-15戦闘機

小峯隆生［著］
柿谷哲也［撮影］

「チェック・シックス！」笠村仁裕1尉。タックネームは“DENKA”。飛行教導隊のイーグル・ドライバー。

本書の取材は「日向の国」新田原から始まった。この地に流れる1500年以上の歴史の中で、この「イーグル」という戦闘機もまた多くのパイロットの歴史を刻んできた。そんな若者が大空を舞台に情熱を解き放つ姿を追った。

この日最初の「ファースト」ミッションは、訓練空域エリアGでの訓練。滑走路に進むパイロットは何を思うか。

第204飛行隊のF-15Jのフォトミッション。共にバーチカルクライムする撮影機のイーグル・ドライバーは伝説の故ROCK岩崎貴弘氏。(瀬尾央)

米軍KC-135から空中給油を受ける航空自衛隊のF-15。共同訓練を始めたばかりの2004年の沖縄上空２万フィート。

小松基地を拠点とする飛行教導団所属機。機体をひねればG空域まで10秒。「さあ、かかってこい！」

新田原基地を拠点とする第305飛行隊。アフターバーナーを焚いて離陸すれば、ADIZ（防空識別圏）の西端まで10分。

「今の教導隊はおとなしくなった」とT-2アグレッサーを知る者は言う。否！
「レンジに入った者だけに知らせてやる」と髑髏ライダーの鋭い眼光は語る。

今日のミッションは日米共同訓練。第303飛行隊のF-15J/DJと米空軍のB-52H爆撃機。(米空軍提供)

百里基地航空祭でデモフライトを見せる第303飛行隊のF-15J。「見せつけやがって」と見上げるファントム・ライダーが呟く。

第305飛行隊の航空機整備員たち。（左から）木原俊也３曹、相原結士長、菓子野大貴士長。確かな目と腕が最強の猛禽類の爪を研ぐ。

浦《うら》祐《ゆう》眞《ま》1尉。タックネームは“MICKEY”。
第305飛行隊に所属するイーグル・ドライバー。

鷲の翼F-15戦闘機——歴代イーグルドライバーの証言

はじめに

“鷲神”と呼ばれたパイロット

F‐15Jイーグルは、1980年代初頭から航空自衛隊に導入され、現在の主力戦闘機として40年近く、航空防衛力のまさに一翼を担ってきた。導入当時「最強の戦闘機」と呼ばれていたF‐15は空自の防空作戦における航空戦（空中戦）に大きな変化をもたらした。

本書では「イーグルドライバー」と呼ばれる現役のパイロット、退官した元パイロットたちへのインタビューや談話、F‐15を運用する飛行隊の姿をとおして、日本の空を守るF‐15戦闘機の軌跡、現在、そして将来の展望を解き明かしていきたい。

そこで、F‐15の導入から戦力化に至る過程で大きな役割を果たし、その後もF‐15によって切り開かれた新しい空中戦のパイオニアとして活躍した二人の戦闘機パイロットの話から始めよう。

その二人とは、森垣英佐《もりがきひですけ》元1等空佐（75歳、取材時。以下同じ）と西垣義治《にしがきよしはる》元1等空佐（72歳）である。彼らはその強烈な個性と秀でた能力によって、空自のF‐15運用の歴史に大きな足跡を残している。彼らを知るイーグルドライバーたちの中では真の戦闘機操縦者の範《はん》として畏敬の念を込めて〝鷲神《わしがみ》〟と呼ぶ者もいる。

二人がなぜ〝神〟たり得たのか？　それはとりもなおさず空中戦での圧倒的な強さだった。

空中戦の様相

では、まず大空でジェット戦闘機どうしがしのぎを削る現代の空中戦はどのように展開されるのか？　そのあたりから探っていこう。複数の元イーグルドライバーたちの話から空中戦の様相を再現してみた。

「空中戦というのは相手、つまり敵機の後ろをお互いに取り合う〝ドッグファイト〟です。最終的に空中戦では後ろにいるのが勝ちですから。この取り方が抜群に速くてうまいのが〝鷲神〟と呼ばれるような空中戦の達人です。時間をかけずに速やかに敵機を撃墜する。これを〝クイックキル〟と言います。戦闘機に搭載されている燃料、ミサイル、機関砲の弾には限りがあります。だから、無駄に燃料を消費せず、ミサイル、機関砲も無駄な弾を撃たないで撃墜する。そのコツは時間をかけないということです。サッと行って、パッと落として、次の敵機に取りかかる。だから、森垣氏や西垣氏クラスのパイロットからは『さっさと落とせー』と、無線で厳しい叱咤が飛んできます」

森垣英佐元1佐。航空総隊戦技競技会（1990年9月10日）優勝時の森垣氏と愛機「875（ハナコ）」。タックネームは「ハンター」。F-15戦闘機パイロットの中では知らぬ者がいないイーグルドライバー。

空中戦で迅速、確実に敵機を撃墜できる戦闘機パイロットとは、サッカーにたとえれば、得点を挙げるセンターフォワードと、チャンスを作り、同時に防御もするミッドフィルダーの役割を同時にこなすようなものなのだろうか？

「それといっしょです。戦闘機パイロットでサッカーをやっている者は多くいます。空中戦のテクニックにつながる部分がありますからね」

うなずける話である。かつて、F-4ファントムのパイロットで第301飛行隊長や第6航空団司令、航空支援集団司令官などを歴任した織田邦男元空将にインタビューした時も「ラグビーやサッカーをやっている者のほうが空中戦はうまくなる」と言っていた。

「サッカーで無駄な動きをやっていると疲れ

ますから。相手の陣形、彼我の位置関係を見て、最も効果的なタイミングで、早くゴールにシュートするわけです。空中戦でも同じです」

筆者はこれまでの取材の中で、同じ話を聞いたことがある。

サッカー元日本代表メンバーでイタリアのセリエAで活躍した中田英寿選手に取材した時だ。中田選手はキラーパスで有名だ。ここぞという一点にボールを蹴り出して、得点につなげる。それがどうしてできるかというと、ゴール前の敵味方の動きと位置関係を瞬時に見極める。同時に1秒後、2秒後、3秒後の動きと位置も予測する。そこでゴールを狙える一点にキラーパスを送るという。

同じような話は、名著『大空のサムライ』の著者で太平洋戦争中、零戦のエースパイロットだった坂井三郎氏にインタビューした時にも聞いた。

「空戦域をさーっと見渡して、敵味方機が入り乱れている。その中で早く撃墜できる敵機の順番を見いだして、その一点に零戦を突っ込ませる」と坂井氏は言っていた。サッカーと空中戦は異なるが、そのやり方は中田選手と同じだった。

「はい、同じです。1対1の空中戦は戦闘機の性能も関係してくるから、なかなか勝負がつかない。しかし、複数機の空中戦では、お互いの位置関係から、その瞬間、瞬間で、どれをいちばん先に落とせるか違ってきます。だから、敵味方の機数が多くなればなるほど、どれから落とすかが問題になります。だから、サッカーでシュートを決めるのと、空中戦で敵機を撃墜するのは通じるところがあります」

空間把握能力が優れているのは、戦闘機パイロットの大切な要件なのだろう。

「そういうことです。ただし、相対する速度がサッカーと零戦と現代の戦闘機では大きく異なります。ジェット戦闘機の空中戦での機速は時速5百~千キロメートルです。最大の場合、彼我のすれちがう速度は合わせると2千キロメートルにもなります。すると、刻一刻と彼我の相関位置は激変します。だから、複数の敵機を見た瞬間に、どれから落とせるか、連続的に判断していきます。そして、最初に目標とした敵機をさっさと落とさないと、今度は自分がピンチになってしまいます。たとえば、敵機Aと敵機Bに同時に対処しなければならないとします。早く敵機Aの後方に付いて落とさないと、その数秒後には、敵機Bが自分の後ろに付かれてピンチになる。しかし、敵機Aの後方に付いて早く落とせば、敵機Bに対処できる時間ができる。Aに時間をかけているとBにやられる。さらに敵機Cもいる。だから、まずAをさっさと落とせば、Bに対処できます。これが、多機数の空中戦の難しいところです。狙った敵機を迅速に落とすのが、われわれのゴールデンルールなんです」

このような空中戦のセオリーを実践するコツは、どこにあるのだろうか。イーグルドライバーたちの答えは共通していた。

「自分の持っているウェポン（ミサイル、機関砲）の有効射程内に敵機を捉えてすぐ落とす。コツといえば、その有効射程内に速やかに位置したら、ただちに撃つことです」

零戦のエースパイロット坂井三郎氏（左）と歴戦のイーグルドライバー西垣義治群司令（当時1佐）のツーショット（1996年10月、小松基地にて）

イーグルドライバーから見て〝神〟と呼べるようなパイロットは何がちがうのでしょうか？

「一度でも、いっしょに飛んで動きを見ればわかります。無線を通じて『オイ、なにやってんだ、右、ちょい、左』とか『こら、遅い』などと、敵機や僚機を見て、どのように戦闘を展開するか、敵機へどう対処するか、指示を的確に出すレベルがちがいます。質の高いアドバイスが瞬時にできるんです。敵味方、すべてを見ているからこそできる。大半の者は見えていても判断ができないから、指示やアドバイスが出せない。だから、そのような指導ぶりを見ると、パイロットならば『むっ、見てる、できる』と思うわけですよ。これを訓練で何度か経験すると尊敬するようになります。1回でも指導されたら、レベルの違いがわかる世界なんです。ところが、新米のパイロットは、それがすぐにはわからない。2、3年経ってくると『あっ、あの時、こういう指導をしていた。見えていたんだ。わかっていたんだ』となる。すると『あの人は凄かったなー』と実感するわけです」

空中戦とサッカーの共通点に注目したが、こうなると、1960年代のハリウッドやイタリア製西部劇映画に登場するような名人のガンマンと新人のガンマンの拳銃射撃修行に似ている。イーグルトライバーは、さながら〝空飛ぶガンマン〟といえるかも知れない。

〝鷲神〟と呼ばれる元イーグルトライバーに会う前に、現在の新人イーグルドライバーがどう育てられているのか、〝ヒナ鷲〟たちが翼を広げ、大空に羽ばたこうとしている姿から取材を始めた。

目次

第4章 空中戦の極意――真剣勝負を制する 171

第5章 防空の最前線――第305飛行隊（第5航空団・新田原基地） 253

登場する方々の役職・階級・年齢などは取材時（2019年）のものです。

第1章　空飛ぶ教室——飛行教育航空隊第23飛行隊（新田原基地）

F-15のふるさと

２０１９年3月中旬の早朝、まだ寒気が残る宮崎県の海岸沿いに車を走らせていた。ゆるやかな坂道を登りきった丘陵の上には、フェンスがどこまでも続いている。

近くには約三百の古墳が集まっている西都原《さいとばる》古墳群があり、このあたりは「日向《ひゅうが》の国」と呼ばれた古代王国の神話や伝説のふるさとである。長いフェンスの向こう側は航空自衛隊の新田原《にゅうたばる》基地、〝鷲の王国〟日本のF-15戦闘機のふるさとだ。

航空自衛隊が１９６０年代から運用していたF-１０４の後継の主力戦闘機にF-15を採用し、その最初の部隊としてF-15臨時飛行隊が新田原基地で編成されたのが１９８１年12月。その1年後に

かつての主力機F-104を運用していた第202飛行隊が最初にF-15部隊になった（新田原基地）。

同隊はＦ‐１０４からＦ‐15へ機種改編した第２０２飛行隊に移行した。

第２０２飛行隊はＦ‐15への機種転換教育部隊として多くのパイロット、Ｆ‐15飛行隊の整備要員の養成の任務が与えられ、１９８４年７月からは実動部隊として対領空侵犯措置、すなわち領空に接近する国籍不明機に対する警戒待機（アラート）、緊急発進（スクランブル）の任務も開始した。２０００年９月、空自の部隊や教育体系の再編で第２０２飛行隊は廃止され、36年の歴史に幕を下ろした。

そして現在、新田原基地にはＦ‐15を運用する第２０２飛行隊の任務を引き継ぐ第５航空団第３０５飛行隊と、航空教育集団隷下の飛行教育航空隊第23飛行隊が所在している。

この日、飛行教育航空隊第23飛行隊の取材が許され、午前５時前、筆者は新田原基地のゲートに到着した。F‐15のふるさとは暗闇に包まれ、春はまだ遠かった。

ゲートでは取材の案内をしていただく同隊の総務人事班長、峰恒平《みねこうへい》1等空尉が出迎えてくれた。峰1尉の案内でさっそく第23飛行隊の格納庫に向かった。

飛行隊の朝

東の水平線がほんのりと明るくなってきた。格納庫の扉がいっせいに開かれる。格納庫内にはF‐15DJ、F‐15J、中等練習機T‐4が整然と並んでいる。

隊舎から列線整備員たちが出てくる。牽引車が次々とF‐15を引き出す。各機の操縦席には列線整備員が乗り、いつでもブレーキを作動させられる状態で列線の駐機位置まで移動させる。いつもの朝の風景だ。

F‐15のグレーの機体は、朝靄の灰色の中に溶け込んでいるが、周囲が明るくなるにつれ、そのシルエットが明瞭になってくる。

F‐15は、スマートな胴体の後部に突き出して並ぶ2枚の大きな垂直尾翼が特徴的だ。さらに操縦席の下の車輪とその支柱からなるランディングギアは、大きな機体に似合わず細く華奢な印象を与える。艦上戦闘機のF‐4ファントムの武骨で頑丈そうな着陸装置とはまったく違う。しかし、このギアが離陸とともに機体に納まった瞬間、F‐15は空中最強の猛禽「イーグル」になる。

基地の朝は整備員が機体を並べることから始まる。スピーディにそして慎重に機体を大切に扱っていた。

水平線が赤く染まり朝日が昇り、第23飛行隊の一日が始まる。列線に並んだF‐15の周囲で列線整備員たちが動き回り、発進準備に取りかかる。点検用パネルを開いて各部のチェックを開始する。

F‐15の1機がエンジンを始動した。これは「プリタクシー・チェック」と呼ばれる手順で、予備機に指定された機のエンジンが点火され、作動をチェックする。F‐15はエンジン始動に電源車は不要だ。JFS（ジェット燃料スターター）が搭載されており、自力でエンジンスタートできる。

高い金属音が列線を包み、航空燃料が燃焼する独特の匂いが立ち込める。

飛行隊の隊舎のドアが開き、ヘルメットバッグを携えた青い帽子の教官と、赤い帽子の学生たち

クルーチーフの船ケ山優希空士長が眠っていた838号機を眠りから覚ます。

が出てくる。

F・15Jは単座機だが、飛行教育の課程では複座型のF・15DJが主として使用される。前席に学生、後席に教官が搭乗する。学生と教官は指定された訓練機のF・15DJに次々と乗り込む。

予備機のエンジンが切られ、いよいよ訓練機のエンジンスタートだ。エンジンが始動、異常がなければ、各機は補助翼の作動を確認する。そして、1機ずつ滑走路に続く誘導路へ移動を始める。

F・15発進

滑走路の端にF・15が揃う。列線整備員が離陸前にF・15に対して「ラストチャンス・チェック」と呼ばれる最後の点検を行なうエリアだ。以前訪れた茨城県・百里基地では、滑走路の端に整備員たちの待機所として廃車になった古いバスが置かれていた

学生が操縦するF-15DJが離陸。新田原には教育の第23飛行隊と実動部隊の第305飛行隊が所在している。

が、ここでは真新しい緑色の冷暖房完備のトレーラーハウスが使われていた。

ラストチャンス・チェックを終えると、滑走路の端に2機ずつF-15が並び、エンジン出力を増加してテストする。その後、アイドル状態に戻す。そしてパイロットがエンジンに異常がないと判断すると、管制塔の離陸許可が出されるのを待つ。

離陸許可が出ると、再びアフターバーナーに点火。F-15は滑走路を走り出す。わずか数百メートルで機首が持ち上がり、離陸する。

百里基地でベテランパイロットたちが操縦するF-4ファントムが、2機ずつ編隊離陸するのを見たことがあるが、それは見事なほど動きが一致していた。旋回する時も、どんな風向きでも編隊を乱すことなく、機首を揃えて訓練空域に向け飛

実動部隊の第305飛行隊のF-15がアフターバーナーを焚いて次々離陸するなか、第23飛行隊の学生はアフターバーナーなしで離陸。それでも学生は「加速に驚く」という。

び立っていった。

ところが、第23飛行隊のF‐15が離陸する様子を見ていると、百里で見たような完璧な離陸は1機もなかった。滑走路を離れると機首がふらふらとして揃わず、まだ整然とした編隊離陸になっていない。横風を受けて旋回コースが膨らんでしまう機もあった。百里のベテランパイロットたちで構成されるファントム飛行隊に比べると技量の差は明らかだ。

F‐15の爆音が空の彼方に消えた。

指導者の喜び

イーグルドライバーを養成する第23飛行隊は、第202飛行隊の後を継いで、F‐15の飛行教育専門の部隊として2000年に新編された。

まずは、現在のパイロット教育について、飛行隊長から話を聞くことにした。隊長の執務室はエプロン地区に面した飛行隊の隊舎の2階にある。

第23飛行隊長の長島孝2等空佐（48歳、取材時。以下同じ）は、1990年、航空学生46期として入隊。第202飛行隊でF‐15機種転換操縦課程を修了、イーグルドライバーとなった。最初の任地は北の防空最前線、空自最初のF‐15実動部隊である北海道・千歳基地の第2航空団第203飛行隊だった。その後、第11飛行教育団（静岡県・静浜基地）でパイロット学生が最初に乗るT‐3初等練習機の教官、さらに第306飛行隊（石川県・小松基地）でF‐15戦技課程、通称〝ファイターウェポン〟の教官を経て、千歳基地の第201飛行隊に勤務した。

失礼ながら長島隊長は現役パイロットとしては高齢であるが、執務机の下にはダンベルが数個置いてあった。

「ご覧のとおり、いつでも筋トレできるように用意しています。20代の新人であろうと、40代後半の隊長であろうとやることはいっしょですから」

飛行隊長は執務室から離着陸する戦闘機を眺めていればよいという管理職ではない。指揮官先頭、真っ先に大空に飛び上がらなければ務まらない。

「どこの飛行隊長も同じですよ。部隊のマネジメントをしながら飛びます。野球でいうところのプレイングマネージャーなんです」

隊長に限らず人間は加齢とともに体力は低下する。しかし、F‐15の性能は変わらない。最大速度はマッハ2・5で、旋回すれば、たちどころに自身の体重の9倍の力で押さえつけられるのと同じ9Gの加速度がかかる。

若い頃に比べて、その9Gが辛いのか聞いてみた。

「いや、全然、イケます。でも、その身体を維持するのがたいへんですけど」

第23飛行隊を率いる長島は、日々鍛え、日々学生とともに飛ぶ。実践の毎日である。さらに、ただ率先して飛ぶだけではない。

第23飛行隊長長島孝2佐。40代後半でも9Gに耐える。厚い胸板と首周りの筋肉がその証拠だ。

「ここでの私の職務には学生に対して、F‐15操縦の基本的な知識と技量を習得させる責任があります」

基本的な技量とは何なのだろうか。筆者は早朝に見た完璧とはいえない、離陸の様子の感想を正直に伝えてみた。

「だから今、練習中です！」

長島は優しい笑みを浮かべなが

ら、学生たちの声を代弁する。

「F-15が近代化改修されようと、離着陸や編隊行動はいっしょですから。まず、その基本から学ばせています」

長島は隊舎2階の飛行隊のコントロールルームから、自身が飛ばない時も、必ず学生たちの離着陸を見ているという。

「離着陸時やフォーメーションとか、ああ、今日はうまくいってるなあと、見て確認できるとうれしいですね。学生たちとは、ここでの課程の約10か月間、いっしょに過ごします。最初はF-15がどんな飛行機なのか、まったく知識も経験もなかった者が、最後には一人で乗りこなし、戦技までできるレベルに達するようになります。そういう成長を見られるのは、教える側の喜びです」

筆者も大学で教鞭を執っている。だから指導者として学生の成長を見て、喜べるというのはよくわかる。

変えてはいけないもの

第23飛行隊の前身は栄光の第202飛行隊である。その第202飛行隊で、イーグルドライバーとしてのスタートを切った長島は、自身が学ぶ側だった時、どんな学生だったのだろうか。

「えー、元気はありましたが、成績はよくありませんでした。要するに全体的に不得意でした」

不得手なことを知っている者ほど、人を教えるうえで、よい指導ができるものだ。空自の人事は、なかなか適材適所の配置をしている。

ここの課程に来る学生の雰囲気はどうなのか？

「出身によって違います。防衛大学校、一般大学、航空学生とそれぞれ異なります。しかし今の学生たちは、私とは育ってきた環境はちがいますが、根っこの部分は同じだと思っています。その根っこの戦闘機操縦にかける思いや情熱は、現在も変わらないと思っています」

「しかし、学生たちに教えるうえで、彼らに何かを求めるばかりではなく、教えるわれわれも変わらないといけない。効果的、効率的に教える方法は変わっていくと思います。たとえば、これまで言わなくてもわかるだろう、と考えていたことも、今はひと言伝えたほうがよいこともある。でも、そんなことは瑣末《さまつ》な話です。やり方は必要ならばどんどんと変えていく。しかし根本の部分は変えてはいけないと思います」

さらに不変のものがあるという。

「自衛官として、戦闘機操縦者としての使命です。そこをしっかり学んで欲しい。この使命は、どんな時代であっても変えてはいけないものだと思っています」

戦闘機乗りに求められる資質

さて、長島にとってF‐15とは、どんな戦闘機なのだろうか。

「世界では新しい戦闘機が次々と登場しています。アメリカではF‐22ラプター、F‐35ライトニングII、中国、ロシアでも新しい戦闘機が配備されていますが、空自は1980年からずっとF‐15を使い続けています。これはF‐15が実戦でも使用され、多くの実績があるからだと思います。それだけの利用価値と能力を備えているわけです」

米空軍は20発以上のAIM‐120中距離ミサイルを搭載できるF‐15EXを2020年から80機調達する予定で、最終的には144機の調達を目指している。F‐15はまだまだ現役であり続ける。

長島は第203飛行隊での勤務時には当然、対領空侵犯措置任務についた経験もある。当時、いかなる心構えで任務に臨んでいたのだろうか。

「海には海上保安庁と海上自衛隊、陸には警察と陸上自衛隊がいます。しかし空には、われわれしかいません。だから私は、対領空侵犯措置は対象の外国機と向かい合い、国際法に則って最初に活動する、いわば外交官だと思っています。そして同時に抑止力となるのです」

領空を上空で守るのは、緊急発進した空自戦闘機しかいない。

「われわれパイロットが、防空作戦の〝槍の穂先〟になっているんです。その穂先であるパイロットは、国を守るという使命感を持って任務にあたっています。これがいちばん大切です」

第23飛行隊の松下浩平２尉（前席）が飛行訓練に臨む。今頃はどこかの基地に配属され、大空を飛んでいるはずだ。

その使命感の次に大切なのがパイロットの腕だ。いくら高性能の戦闘機でもパイロットの技量が低ければその能力を引き出せない。それでは、どんなに崇高な使命感を持っていても意味がない。

長島が考える強い戦闘機乗りの資質は何かを聞いた。

「強いというより、戦闘機のパイロットに求められるのは、空中のあらゆる状況下で瞬時に状況を見極め、冷静に的確な判断、最善の回答を出すことです。技量を発揮するベストなタイミングにそれを出せる者が優れたパイロットです」

戦闘機乗りとして長島は、常日頃どんなことを考えているのだろうか。

「どうやったら、戦さで勝てるかということは絶えず考えていますね。しかし、考えているのは方法論ばかりではなく、身体を鍛え体力を維持していくことです。そうしないと飛行機に身体がついていけなくなってしまいます」

F‐15の性能は人間の身体能力を超える部分もあり、パイロットの身体には想像以上の負荷がかかる。これに耐えられるかどうかも戦闘機乗りに求められる要件なのである。

戦闘機操縦者にゴールはない

これまで男だけに許された世界だったイーグルドライバーの世界に女性が挑戦している。

「私がちょうどここに赴任した時に、彼女（松島美紗2等空尉）は戦闘機操縦課程を修了したんですよ。空自始まって以来のことだったのでメディアにも取り上げられました。飛行隊では、学生が女性だからといって何かを変えたことはありませんでしたし、彼女に対して何か特別な配慮をしたこともありません」

長島隊長は、きっぱりとそう言い切る。

「もちろん、勤務環境についての配慮はしました。たとえばトイレは今まで男性用しかなかったので女性用を設けました。しかし、訓練では男性であろうと女性であろうと、一人のパイロット学生として見ますので、性別の区別はありません。悪いところがあれば指導しますし、良いところがあれば褒めます。男性も女性も関係ありません。教えたとおりの手順で飛行し、離着陸できるかできないか、それだけです」

プロの戦闘機乗りの言葉である。

男女を問わず、第23飛行隊での課程を終了したパイロットのレベルはどの程度に達しているのだろうか。

「部隊に行って、自信をもって任務に臨めるように『心技体』を育てるように努めています。誰しも、ついつい『技』だけに気持ちがいきがちですけどね」

ここまで聞いてきた長島の言葉は一般論であろう。そう思っていると、次のように続けた。

「F-15の操縦資格を取らせるのがわれわれの任務ですが、果たして、それだけで本当にいいのだろうか？　というのが私の考えです。やっぱり、たくましい戦闘機操縦者に育てることが、大きな責務だと思っています」

たくましい戦闘機乗りとは？

「戦闘機のパイロットはつねに過酷な状況下で任務を遂行することになります。だから、私の考えるたくましさとは、どんな状況に対しても『諦めない』強さです」

それが一人前の戦闘機乗り、イーグルドライバーということだろうか。

「一人前……。私もまだ一人前ではないですからね」

ゴールがないということは、苦しい道のりをただただ駆け続けるということになる。

「F-15の装備や能力は、どんどん更新され続けています。戦技も日々進化している。つまり飛行機もパイロットもつねに進歩している。だから、絶えず前進しなければならない。戦闘機操縦者であるかぎり勉強に終わりはないし、身体も鍛え続けなければならない」

ここまででいい、これで完成というのがない世界なのだ。

「子供の頃、自転車に初めて乗れた時って、すごく楽しかったですよね？」

一人で補助なしで自転車に乗れた時の喜びと感激は、誰もが覚えているにちがいない。

「戦闘機はその感動と喜びが毎日、ずーっと続くんですよ。あれができた、これができた、というのが続くんです。だからゴールがないんです」

なるほど、すると戦闘乗りの世界は、とても楽しい世界ではないか！　しかし、その先にある戦闘機乗りの現実を長島は吐露する。

「日本を取り巻く環境は今、ますます不確実性が大きくなりつつある状況です。近隣の国々も軍事力を増強し、情勢予測がつかない。この状況下で戦闘機操縦者が『私、一人前です』と言ったところで、何ができますか？　という話です」

いくら自己評価が高くても、厳しさを増す安全保障環境において、それが通用することはない。

「誰よりも、われわれはつねに一歩も二歩も前に進めるような気概を持たなければならない。そうでないかぎり、任務は遂行できないでしょうね。だから、私はずっと半人前だと思っています」

進歩なくして、その本分は全うできない。戦闘機乗りは、つねに進歩、つまり腕を磨き続けていくことが勝利への自信をもたらし、それが抑止力となるのだ。

「だから、私の座右の銘は『堅忍不抜《けんにんふばつ》』です。毎年、新年を迎えると必ず手帳に書き込みます。実戦ではぐっと我慢しないといけないこともある。飛行隊長は心を動かさず、冷静に判断し、最善の策を講ずる。いかなる時も率先するのは飛行隊長ですから」

そして腰の刀を抜かずに勝負を決める。まさに孫子の兵法の一つ〝戦わずして勝つ〟である。空自戦闘機乗りの真髄もここにある。

筆者は飛行隊長の執務室を辞して、次は訓練フライトに臨む学生パイロットの様子を見に向かった。

パイロット学生の原点

赤松優樹1等空曹（24歳）。2014年3月、航空学生70期として入隊。2018年12月から第23飛行隊での戦闘機操縦課程に入った。F‐15での現在の飛行時間は6時間（2019年3月取材時）。

地元宮崎県出身の赤松は、まだ小学生に上がる前から祖父に手を引かれ、たびたび新田原基地に飛行機を見に来たことがあった。当時、新田原には空自戦闘機部隊にアグレッサー（仮設敵）となって、空中戦の戦法、戦技を指導・訓練する飛行教導隊（現・飛行教導群）がいた。同隊は選り抜きのパイロットたちで編成された最強の飛行隊だ。

赤松優樹１曹。子供のころ航空祭で見たF-15をついに自分の手で飛ばす時が来た。そして次の目標を明確に持っている。

幼い赤松の目の前をテレビで夢中になっていた戦隊モノ特撮ドラマ『〇〇レンジャー』のように異なる彩色を施したF-15DJが、轟音とともに離着陸を繰り返していた。それから約20年経った今、同じF-15DJの操縦桿を握る赤松の原点となった光景である。

ここからは、赤松学生をとおしてパイロット学生の飛行訓練の様子をたどることにする。

赤松は装具室でGスーツを身に着けて、異常がないかチェックする。そして準備体操をしながら気持ちを整える。最後に験担《げんかつ》ぎで左手にはめた時計のバンドをぐっときつく締める。

ヘルメットバッグに航空ヘルメットを入れ、学生を示す赤い帽子をかぶり、装具室を出て列線の指定されたF-15DJに向かう。

「飛ぶ前に、今日のミッションを決められたとおりにこなすため、イメージトレーニングや必要なことを確認します。そんな準備は山ほどありますが、この準備が間に合った時のフライトは自然に気持ちが落ち着きます。そうじゃない場合は少し不安な時もあります」

赤松は機体各部をチェックしていく。そしてラダーを昇り、コックピットに入ると、離陸のための諸点検を始める。その一つひとつを後席の教官が見ている。

「背中に感じる視線を意識的に無視しています。イメージしてきたことをひたすら、やり続けるんです」

ひととおりの点検を終え、エンジンをスタート。キャノピーを閉じると、F‐15DJはゆっくりと動き出し、タクシーウェイ（誘導路）に入り、滑走路端に向かう。

初めての飛行訓練の感動

赤松は初めてのF‐15での飛行訓練は忘れられないという。

「滑走路端で離陸を待つあいだ、ついにここまで来たんだという感激で胸がいっぱいになりました」

赤松は手順どおりブレーキかけたまま、スロットルレバーを前へ押し出した。出力が増加され、両エンジンから推進力が噴射される。その轟音とパワーを背中で感じる。両エンジンは異常なし。再びスロットルレバーをアイドル位置に戻し、管制塔からの離陸許可を待つ。

間もなく離陸許可が出た。赤松はブレーキを踏みながら、再びスロットルレバーを押して最大出力にした。

「最初、ブレーキから足を離したら、どんな感じなのだろうと思いました。F‐15のパワーと加速は、離陸滑走を始めると、それまで訓練で乗ってきたT‐7初等練習機やT‐4中等練習機とは桁違いでした。車にたとえれば、F‐15はレーシングカーです」

T‐7はプロペラ機なので当然としても、ジェット機のT‐4は「ブルーインパルス」の使用機でもあり、それほど劇的なちがいがあるのか。

「T‐4でも7Gまで加速度をかけることができます。しかし、数値上同じGでもF‐15のそれは質が違います。これが戦闘機なんだと実感しました」

乗機はフルアフターバーナーでさらに加速を続ける。

「おおっ、今から浮き上がるのか！と操縦桿を握る手に力が入りました」

赤松はそこからすぐに頭を切り替える。速度計を確認しながら離陸速度に達したので操縦桿を引いた。

「スッと操縦桿を引くと、フワッと地上を離れた感触がしました。そして、そこからの加速がさらに凄かった！」

夢に見たF‐15で新田原基地を離陸した。西向きに離陸する時の制限をクリアするためにピッチを上げる。所定の高度に達すると、さらに加速して一気に訓練飛行エリアに向かう。キャノピー越しに地上をちらっと見た。

赤松はかねてからF-15での初飛行の際は、上空からの地図のような宮崎の景色を見たかったのだが、あいにくこの日、眼下は雲に覆われていた。

空飛ぶ教室

飛行中は教官と活発なやりとりがあるのだろうか。

「つねに後ろから教官が指示や指導の声をかけてきます。はい！と返事して、言われたとおりに、とにかく無我夢中でやるだけです」

しかし、厳しい教官の場合は、何か一つでも見落としや過失があると、

「赤松、どうなってんだー？」と声が飛んでくる。

「はい！と言ったら、そのまま訓練を続ける教官もいますし、『はい、じゃなくて、何を間違ったのか答えろ！』とたたみかけてくる教官もいます」

そんな時は答えを探しながら飛行を続ける。空飛ぶ教室は厳しい。空中では考えてから答える時間はない。どうしたらいいのだろうか。

「自分が直前に何をしたか、ずっとアップデートしながら操縦を続けます。操作・手順を無意識に行なうのは絶対にだめです」

つねに操作と思考のフィードバックを繰り返して次の手順に移る。

「つまり慣れてはいけないんです。F‐15で飛び始めたばかりなので、まだ覚えることが多い段階です。だから空中であわててしまうこともあります」

すると、心ならずも機体が不安定になる……。

「そうです。すぐに教官から『機体を安定させろ』とか『風を考えろ』と注意されます。このような場合『風に対する意識がなく、それを操舵に反映することができませんでした』などと、即座に回答できなければだめです」

このように飛行訓練は学生と教官がマン・ツー・マンの指導で進んでいく。だが、もしも空中で適切な対応ができないとどうなるのだろうか。

「そこで訓練は終わりです。つまりパイロットになれません。次のチャンスはありません」

想像以上に厳しい世界なのだ。

飛行訓練の終わりには着陸が待っている。

「着陸はいちばん緊張します」

長い滑走路だが、機体を降ろすポイントは点といってもいい極めて小さいゾーンである。

「自分が今、持てる技術のすべてを使って、その一点に向かっていく感じです」

そして、主脚をトンっと触れるように滑走路に接地させる。

「1回目の着陸の時は、安堵から『はぁーっ』と大きく息をつきました。教官からは『これがF-15だ』と告げられました」

スランプを脱するには？

失敗が許されない訓練を続けていて、気持ちが落ち込んだことはないのだろうか。

「落ち込んだのは『なんで、お前が戦闘機パイロットになろうと思ったのか、ちゃんと思い出せ』と指導を受けた時です」

つまり原点に帰れ、と言われたのだという。では反対にうれしかったことは、どんな時だったのだろうか。

「ほんとうに数えるほどしかないですが『よかったぞ』と言われたことです」

そのいちばんよかったこととは、速度、高度、機動など決められたマニュアルどおりに離陸から着陸まで飛ばすことだ。マニュアルが用意されていれば決して難しいことではないと、筆者のような素人は考えがちだ。

「でも、それがいちばん難しいんです。だから素晴らしいことなんです」

あの天才打者イチローも現役時代、スランプに陥った。赤松もスランプを経験したのだろうか。

「スランプはありました」

そのスランプからどうやって脱したのか。

「最初、スランプに陥った時、失敗の事象など表面的なことしか考えなかったのです。原因を深く考えないことが多かった。だから、うまくいかなかった時は一から飛行中に起きたこと、失敗した理由、その時の心理状態、操作をすべて思い出して検討しました。そして、一つずつ問題を分析して、解決策を導き出し、同じことが起きないようにしました。すると、もやもやしていたものがスーッと晴れて、スランプから脱することができました」

イーグルドライバーを目指すパイロット学生は、この第23飛行隊に来るまでに相当数がふるいにかけられ、残った優秀な者しか、戦闘機操縦課程に進めないのだ。

理想のパイロット像

単座戦闘機のパイロットは孤独だ。空中では誰も頼る者はいない。すべて一人で決断しなければならない。

「航空学生課程の2年間は肉体的にも精神的にもきつくて、同期の仲間で励まし合いながらの毎日でした。苦しいことを乗り越えた時は、皆でいっしょに泣いたこともありました」

空中では一人だが、心では仲間たちとつねに一体なのだ。赤松の考える、理想の戦闘機パイロット像を尋ねた。

「頭の回転が速いことですね。経験が少ない分、教わった知識を頼りに判断することになるので、頭の回転が速ければ素早く判断できる。そうすれば冷静に対処できますから」

では、イーグルドライバーとして、一人前と呼べるのはいかなるレベルなのだろうか。

「どんな状況にあっても、一人で対処できるレベルになることだと思います」

飛行時間6時間の現在はF‐15DJの後席に教官がいるが、いずれ単独飛行での訓練に移っていく。その時に目標とすることはあるのだろうか。

「自分一人でしっかりと判断しながら飛べることを証明することです」

戦闘機パイロットの仕事の魅力とはなんなのだろうか。

「空の上では、ふつうの人が経験できないことばかりで、そこで自身の力を試すやりがいのある仕事だと思います」

確かに常人では、音速やさらに9Gの加速や旋回には耐えられないだろう。そんな環境を耐え抜くために求められるのは何か。

「心技体に対する努力だと思います。『体』とは空中での大きなGに対応するための身体づくりです。『技』は空中戦の技術を磨くこと。そして『心』は不屈の精神、諦めない強い意志です」

赤松が考える、強い戦闘機乗りとは何か。

「〝剣豪〟といわれるような、その道の達人じゃないかと思います。それも刀を抜かず相手を圧倒できるのが、ほんとうの強さだと思います」

素晴らしい。「戦わずして勝つ」は、侍の精到《せいとう》を極めた姿である。イーグルドライバーを志す若きパイロットも、目指すは〝侍〟なのだ。筆者は一人、感動していた。

若きサムライの夢

ところで、新人パイロットが早く欲しいものがある。それは戦闘機パイロットの証しでもあるタックネームだ。

タックネームとは、空自のパイロットが機上での無線交信などの際に用いるニックネームで、名前の発音のしにくさや、聞き取りにくさを解消し、同姓同名の者がいる場合の区別や、また交信から個人名が特定されないためなどの理由から各国空軍の戦闘機パイロットの慣行になっている。

学生のうちは、当初それぞれの氏名で呼ばれる。

「技能検定のような試験が2回あります。1回目をクリアするとタックネームをもらえます」

赤松が希望するタックネームを聞いてみた。

「それは秘密です」

よい判断だ。下手にここで言ってしまっては、のちのち困ることになるだろう。

タックネームは実動部隊に着任した時に、パイロットたちの飲み会の席で決められることが多い。

赤松１曹が目標にした教導隊のF-15。082号機は赤、白、茶の迷彩柄が施されている。

真面目なのもあれば、そうでないのもある。もちろん、かっこいいタックネームが欲しいところだが、そのとおりになることは、まずない。

第23飛行隊での課程を修了したパイロットは、実動部隊で勤務しながら経験と技量を積み上げていく。赤松の戦闘機パイロットとしての将来の夢を聞いた。

「アグレッサー部隊の飛行教導群の一員になることです。教導群のＦ‐15には赤、白、茶色で塗装された機体があり、ぜひあれに乗ってみたいです。私の憧れです」

その教導群のＦ‐15ＤＪのシリアルナンバーは32‐8082だ。背びれに猛毒を持つミノカサゴをモチーフにした塗装だ。これに乗った赤松が、空中戦の稽古をつけるために全国の飛行隊を巡回する。

これが若き侍の抱く夢だ。

F-15のコックピット

第23飛行隊のF-15をはじめとする所属機の垂直尾翼には黒馬の部隊マークが描かれている。これは宮崎県串間市都井《とい》岬に生息する日本古来の野生馬「御崎馬《みさきうま》」がモチーフになっている。その背景には飛行隊のナンバー「23」を図案化した黄と赤の矢が描かれている。

列線に駐機しているF-15DJの操縦席に乗る許可が出た。案内をしてくれるのは、操縦教官の一人、立元祐吉3等空佐（42歳）だ。

機体の横に置かれた整備用の移動足場の階段を恐る恐る昇る。じつは筆者は高い所は苦手である。コックピットは3メートルほどの高さに位置し、すぐそばで見上げると実際よりもずいぶん高く感じる。

前席のシートに座ってみる。F-4に比べ、圧倒的な視界の広さが実感できる。前方、左右、ほぼ全周視界を遮るものはない。高所で真横に突き出た柱にまたがっているような視界のよさだ。そしてコックピット自体が広い。F-4の計器とスイッチに埋め尽くされた穴に閉じ込められている気分とはまるでちがう。

イーグルドライバーは、このコックピットに一人納まり、大空を駆けめぐる。空中では孤独な空間だ。しかし、このF-15DJには後部座席が設けられている。そこで続いて後席に移動してみる。

F-4にはエアインテークと胴体の間に隙間があり、そこに足が滑り落ちそうで怖かった。F-15にもその隙間はあった。さらにF-15はエンジン始動時にエアインテークが前方に傾くように可動す

コックピットを見学する筆者。飛行教官の立元3佐から直々に説明を受ける。

るので、余計に足を滑らせるのではないかと緊張した。

前席から腰を上げ、整備用足場に左足、右足と載せる。キャノピーの枠に手をかけそこからへっぴり腰で左足を伸ばして、エアインテークの上部に足を移す。続いて右足も載せる。動かない、大丈夫だ。そして後席のシート、床へと慎重に足を入れ、ようやく座席に腰を下ろした。

驚嘆した。F‐4とはまるでちがう。F‐4の後部座席の前にはアナログの針式メーターが並んでおり、その左右30センチ四方にも満たない小窓のようなキャノピーからわずかに前が見えるだけだった。F‐15DJの後部座席からは前席シートの上部が見えるだけで、素晴らしい視界のよさである。

感動している筆者に立元3佐が話しかけてきた。

「F‐15の後席での操縦による着陸は難しいです

F-15の背中に乗せてもらった。大きなエアブレーキがなぜ必要なのか、広い翼面は空戦でどう活かされるのか。いつまでも聞いていたいと思った。

よ。F-15は機首を上げた姿勢で着陸しますから」

昔、第201飛行隊のF-15の着陸を滑走路横で見たことがある。パイロットは座席から背伸びをするような姿勢で前を見ながら、大きな仰角で着陸し前輪が滑走路に着くと、姿勢を元に戻していたような記憶がある。後席からは滑走路が見えないので、着陸が難しいというのは納得できる。

後席から出ようとすると、立元3佐から声がかかった。

「後部、見てみませんか?」

「後部?」

立元三佐は後ろを指差した。後部とは主翼と胴体の接合部分の上だ。エアインテークの上を伝って

F‐15の広い背中に出た。ここからF‐15の全体を俯瞰できる。F‐4は艦載機なので主翼の付いている位置は低いが、F‐15は陸上運用の戦闘機なので、その位置が高い。

まず驚くのは、エアブレーキの大きさだ。F‐15の着陸を遠くから見ていると、減速のために胴体上部から斜めに持ち上がるように開くエアブレーキは小さく見える。しかし、こうして間近に見ると畳4枚分はあろうかという大きさだ。

胴体中央部のエアブレーキを使用して着陸するF-15。

　そして胴体のど真ん中から左右を見渡すと、理解できることがある。胴体上部も主翼と一体化しているF‐15が、強い戦闘機であることの理由だ。面積の大きな主翼が卓越した運動性能を引き出し、大量の燃料と武器の搭載を可能にしている。両翼の広さに圧倒される。「テニスコート一面分ありますからね」と立元3佐。空中では50キロメートル先でも、F‐15が翼を翻すと視認できると、イーグルドライバーの一人が言っていたのを思い出した。

　再び翼とエアインテークの上を恐る恐る伝って、整備用足場に戻り無事、地上に降り立った。

第23飛行隊教官太田晶１尉。タックネームは帝国海軍軍人と国民の規範となる警察官として激動の昭和を生き抜いた祖父に由来する“ケイジ”。

太田教官のファミリーヒストリー

パイロットの教育は飛行訓練ばかりではない。飛ぶための知識、教学も叩き込まれる。そこで座学の様子を見学させてもらった。

教場は大学の教室でいうならば、ゼミ室と呼ぶくらいの広さだ。学生六人に対して教官が一人。机上に分厚いファイルを開き、講義が始まる。

ファイルに綴じられた教材はすべて英語。学生が筆記するノートには英語と日本語が混じっている。この日の学生は防大出身の二人と航空学生出身の四人である。

教官は太田晶1等空尉（31歳）。タックネームは「ケイジ」。漢字だと「刑事」なのだという。じつはこの由来にはちょっとした〝ファミリーヒストリー〟がある。太田の祖父は元帝国海軍の軍人で、特攻隊要員だったが、人間魚雷で出撃する前に乗っていた艦艇が撃沈されて九死に一生を得た。戦後は警察官となり、暴力団担当の刑事として奉職したが、激務の末、病いを得て亡くなり殉職扱いとされた。

太田は最初に着任した第204飛行隊で、なかなかタックネームが決まらずにいたところ、先輩から「なんか、カッコいい案を出せ」と言われ、そこで思いついたのが「刑事」だった。

ふつうならば却下されるところだが、祖父の経歴を話したところ、採用された。

高校時代、大学進学を考えていたが、たまたま目にした航空学生の募集案内には、勉強しながら給料をもらえてパイロットになれると書いてあった。これが太田の進路を決定づけた。航空学生（63期）になってみると、戦闘機に乗っている先輩たちが格好よくて、迷わず戦闘機パイロットを志した。

その心は？

太田教官は分厚いマニュアルを操りながら、授業を進める。内容は聞いたことのない言葉ばかりであまりにも専門的すぎて、見学する筆者には、しばらくはまったく意味不明だった。

「この状態のエマーの時はどーするか？」

この学生への問いかけで、やっと授業内容が推察できてきた。飛行中にエマー、つまりエマージェンシー（緊急事態）が発生した時の対処についての質疑である。

太田教官がエマージェンシーの状態を提示する。

太田１尉による授業の風景。彼は操縦者であるとともに教育者でもある。「その心は？」と学生に問う。

「この場合、どうする？」

学生が即答する。すぐさま太田教官がさらに問いかける。

「その心は？」

学生は回答の理由を述べる。この太田教官の問い方、「その心は？」は、なかなかユニークだ。教官から学生への心遣いが垣間見える。厳しいばかりが教え方ではないのだ。学生との問答が一巡すると、太田教官は自分がそれと同様のエマージェンシーに遭遇した時の経験を話す。学生たちは英文混じりでそれをメモする。

「それで、どこに降りる？」

太田教官がその先を続ける。空中で不測の事態が起これば、どこかに安全に着陸しないと、エマージェンシーを無事に脱したことにはならない。太田教官が着陸に必要な空港、基地の条件を羅列する。

「適切な降りる場所がわからない場合は？」

と太田教官。学生たちは一斉にそれぞれの机の右側にある引き出しを開ける。中には分厚いマニュアルが並んでいる。学生はそのうちの一冊を取り出してページをめくり、着陸に適切な基地、空港を見つけ出す。

筆者が見学した授業は、機上で非常事態が発生した時、どのように対処するのかを学んでいたのだった。パイロットには膨大な知識と知見、そして、それを実践できる記憶力と能力が必要となる。

諦めない心

授業の後、太田教官に話をうかがった。

「学生たちとは比較的、年齢が近いので、あまりジェネレーションギャップを感じることはありません。私がここに来た当初は、一般大の大学院卒の出身者で、階級も年齢も私より上の学生を教えたこともあります。学生たちがどう思っているか知りませんが、学生に近い目線で接することができると思います。私もなりたての教官なので伝え方など、まだまだ工夫する必要がある、と感じています」

学生たちを教えるうえで、必ず伝えていることはあるのだろうか。

「この課程で学ぶ学生は、しょっちゅう怒られて、日々もがいている状態です。一回一回のフライトの評価が気になるとか、不安なことばかりです。しかし、大切なのは修了後の配属先、つまり実動部隊でちゃんと使えるパイロットになるということです。そのためには目の前や足元ばかり見ずに、大きな目標を見据えて、訓練に取り組んで欲しいと思います」

誰しも毎日、評価にさらされるのでは気持ちが落ち込むのは当然である。学生たちはフライトの直前まで相当な準備をして離陸する。そして着陸するとその結果を評価される。その繰り返しだと、眼前のことしか見なくなる可能性がある。

「私自身、飛行のセンスが決して優れているほうではなかった。それでも、ここまでやってきた。君たちは私より能力が高いはずだから、必ずイーグルドライバーになれる。だから諦めるなと伝えています。途中で辞めてしまう者は私たちの世代にもいました。しかし、諦めないで続ければ、何とかなる。イーグルドライバーに求められる重要な資質は、諦めない心だと思います。輝かしい世界は、その先にあるということをわかってもらいたい」

太田が戦闘機操縦課程の10か月間、学生たちにいちばん学んで欲しいことだ。不退転の意志が戦闘機乗りの扉を開く。

柔よく剛を制す

さて、ここからは太田教官に戦闘機乗りの本分について聞いてみた。

「戦闘機パイロットは〝槍の穂先〟だと言えるでしょう。作戦のいちばん最初に敵を迎え撃つのが航空自衛隊で、その後、海上自衛隊、陸上自衛隊と戦いの場は推移するでしょう。その空自の中でも最初に切っ先を交わすのが、おそらく戦闘機どうしの戦いです。だから槍の穂先です」

その穂先の心は？

「その心ですか……。しなやかさでしょうね。自衛隊は専守防衛です。初めはこちらが被害を受けるまで何もできない。しかし、その不利な要素をしなやかさでかわして、最終的に少ない損失で勝たなければいけない」

まさに柔よく剛を制す、柔道の精神だ。武士道ならば、皮を切らせて敵の骨を断つである。そんな戦闘機乗りには何がいちばん大切だろうか。

「決められたことを決められたとおりにできる冷静さが必要だと思います。もし、戦闘状態になった場合、ＲＯＥ、すなわち行動規則が定められており、それに則って行動しなければならないのです。平時から空自の戦闘機は国籍や目的が不明な航空機への警戒監視、対処措置を実施しています。この措置の規則はとても厳格で、この任務につくための資格を取るには、規則を正しく理解しているか、いろいろな質問をされ、それに正確に答えることができなければなりません」

つまり、空自戦闘機乗りはいつでも「我に戦う用意あり」ということなのだ。

同じ新田原基地に所在している第３０５飛行隊には女性のイーグルドライバーが勤務している。

「日米共同訓練に参加した時、米空軍では女性のパイロットも男性と肩を並べて、当然のように活躍していました。それが世界のスタンダードなのだと思いました。ようやく日本もそれに追いつき始めている。だから、この仕事でも女性の進出はよい傾向だと思います」

その女性イーグルドライバーとは面識があるのか聞いた。

「私は当時、ここで教官になるために猛勉強していたんですよ。その時、会う機会がありました。彼女は職務に対するモチベーションが高く、やる気にあふれていました。私は土日も教場で勉強しましたが、彼女も当然のように出て来て、猛勉強していました、そんなやる気のある人を見ていると気持ちがいいですね」

これが諦めない気持ちなのだ。

教場の窓から滑走路にフライトを終えたF‐15DJが次々と着陸してくるのが見えた。列線にその様子を見に行った。次々と降りてくるF‐15DJを眺めていると、頼りなさそうに着陸する機と、大胆ながらも優雅に舞い降りる機もあった。学生一人ひとりで技量はまだまだ差があるのだ。

着陸したF‐15DJは列線に戻ってくると、エンジンがカットされる。キャノピーが開きラダーを抱えた列線整備員が駆け寄る。赤い帽子の学生と青い帽子の教官が地上に降り立つと、列線整備員が差し出すログブック（整備記録簿）にサインをする。

その時、日本人ではない外国人パイロットがいた。流暢な日本語を話す米空軍から来た教官だっ

米空軍のジェレミー“SHAFT”マレン中佐は第23飛行隊に配属されている米国人教官。本場仕込みの指導は学生に刺激を与えるにちがいない。

た。ジェレミー・S・マレン中佐である。

「F‐15は大好きだよ。学生はみんな素晴らしい」

と誉めるツボも心得ている。これが日米同盟の現場の一つである。

原点回帰

列線を離れ、再び飛行隊の隊舎に戻り、先ほどF‐15DJを案内してくれた立元教官が取材に応じてくれた。

立元3佐は、航空学生51期として1995年入隊。イーグルドライバー一筋で、多数機編隊を指揮するマスリーダーの資格を持つベテラン操縦教官の一人だ。意外なことに趣味はジャズサックスの演奏で、その腕前もなかなかの評判と聞いた。タックネームもそれに由来して「サックス」。

第23飛行隊教官立元祐吉３佐。「相手の性格と今の能力を推し量る」学生の能力を引き上げるのが今の任務。その学生はやがて一騎当千の戦士となり国を守る。

筆者は取材を通じて大勢のパイロットの方々とお会いしてきたが、彼らには多才な人が多い。凡人は一つのことすら極めるのが難しい。「一芸に秀でる者は多芸に通ず」という言葉があるが、どうやら、これはパイロットにも当てはまるようだ。

立元は、戦闘機乗りなら誰もが目指す戦闘機部隊の最高峰、飛行教導隊に４年４か月在籍したのち、自ら希望して第23飛行隊にやってきた。ここで教官を務めて３年近くになる。

「２００６年、小松の第３０３飛行隊から浜松の第１航空団でＴ‐４による基本操縦課程の教官に異動しました。28歳でした。学生教育の現場に移ると、やっぱり人を育てることは何よりも大事だとの思いを強くしました。それと同時にある現実を見たのです」

立元の脳裏に暗雲が出現したのだ。

「航空自衛隊のパイロットの技量が確実に低下しつつあると感じました。とくに考える能力が落ちていると感じました」

マスリーダーを務める者は、空間を把握する能力が高い。そして、敵であれカウンターパートであれ、相手の技量を瞬時に読み取る能力にも長けている。

「2009年に浜松から再び第303飛行隊に戻り、それから飛行教導隊に行きました。教導隊は戦う部隊をさらに鍛える部隊です。ここに在籍中、全国の戦闘機部隊のパイロットの実力を見ました。そこでもやっぱり技量は落ちていると思いました。もちろん技量が高い者はいます。しかし全体的に技量は低下していました」

それは日本防空の一大事である。槍の穂先が鈍り始めていたのだ。看過できない深刻な事態だ。

「それで、この現実を立て直すのに必要なのは原点回帰、つまり教育だと思いました」

立元の経歴からすれば、教導隊からどこかの飛行隊の飛行班長として役職を歴任する道もあった。しかし、それは一つの飛行隊という限られた範囲だけを見ているのであり、空自全体の実力アップにはつながらない。

「自分一人の力でも全体の底上げに寄与できるのはここしかないと考え、第23飛行隊を希望しました」

一人ひとりに合った教育を

マスリーダーの資格を持ち、飛行教導隊から来た立元は、学生たちの目には戦闘機乗りのトップスターに映るだろう。学生たちの羨望の的であるにちがいない。

「うーん、世代の壁もあるかもしれないですけど、今の学生たちは、おとなしい性格で、その彼らから主体性や創造性を引き出してやらないと教育はできません。学生たちにはこちらから積極的にコミュニケーションをとるようにしていかないと何ごとも始まらないですから」

では、そのコミュニケーションはどのような方法をとるのだろうか。

「フライトが終わった後に、デブリーフィング（事後報告）を教官と学生、1対1でやります」

ブリーフィングルームの机上には、棒の付いたF‐15の模型が数個置いてあり、ホワイトボードには飛行した軌道を示す曲線が描かれている。ここで、その日のフライトを振り返り、よかった点、反省すべき点などをあらゆる角度から討議する。

「ここでの会話はとても重要です。当然、初めて対面で話し合う学生もいます」

学生にとっては逃げ場のない審理の席に着かされた心境であろう。

「1対1なので、この学生がどういう考えをしているのか？　どういう心境なのか？ などを考えながら指導します」

まずは相手の性格と今の能力を推し量りながら対話するのだ。

「そして、次にここは叱ったほうがいいか？　これは褒めたほうがいいか？と考えます」

すでに相応の学力や能力、そして高い目的意識を持っているパイロット学生が相手でもこれだけ考えるのだ。今の若者を教育することの難しさが伝わってくる。

相手の反応を見ながら、次のさらに次の手を考えて繰り出す。

「今日はこれでＯＫだったが、次の日、同じやり方でＯＫか？　というとそうではありません。そこが人に教える難しいところです」

空中戦は、その時の天候、時間など決して同じ状況がない。敵機を落とせば、それで終わりというわけではない。

「私はどちらかというと、思ったことは直接、言うことが多いです。『はっきり言えばこうだ』と告げ、その後に『だけどな』と、必ずフォローします」

しかし、多くの学生を教えてきて、なかには戸惑ったこともあったという。

「ここでの課程を修了して、今は第３０５飛行隊にいる女性パイロットを指導したことがありました。たとえば、習慣的に学生が相手だと、つい『お前さ』などと言ってしまいます。でもこれは男どうしなら許されても女性に言ってはダメなんだろうなと気づいてすぐに改めました」

立元は、何でもはっきり言うストレートな男でありながら、律儀な〝心遣い〟のできる男でもあるのだ。

「たとえば『俺はこうする』とか、言ってから『俺』じゃないよなとか思い直しましたね。相手が女性なので最初はそんなふうに戸惑うことも、しばしばありました。だから『俺じゃないよね、私だったね』と訂正しました」

飛行訓練で教官は後席に乗り、学生は前席に乗る。いわば〝運命共同体〟だ。

「私が学生だった時に、教官から聞いた話が今でもつねに頭の片隅から消えることはありません。以前、戦闘機操縦課程ではT－2高等練習機を使用していたのですが、その訓練中に事故がありました。学生は助かったのですが、教官は亡くなりました。教官の奥さんに事故の報せが届き、ご主人が亡くなったことが告げられた。このとき奥さんが最初に発した言葉は『学生さんは無事ですか？』だったというのです。学生だった私は言葉もありませんでした。だから、死生観というのか、そのあたりの感性がパイロットの世界はその家族も含めて、全然違うんですよ」

ラガーマン

第23飛行隊での課程をもうすぐ修了する学生がいた。松下浩平2等空尉（27歳）である。茨城県出身、防衛大学校卒（59期）。取材時の飛行時間は80時間だった。

じつは松下の父も防大卒でF－4ファントムのパイロットだった。父がいた百里の第305飛行隊は、かつてF－4最精強の部隊として知られていた。父が勤務していた百里基地で、幼い頃から戦闘機を見ていた松下少年は、いつしか「父のように活躍したい」と、自らこの道に進んだのも自然のなりゆきだったのだろう。

中学生からラグビーを始め、防大ラグビー部でのポジションは司令塔のスタンドオフだった。なるほど、松下のラグビーで鍛えた身体、とくに首回りは頑丈そうでイーグルドライバーとして、激しいGにも耐えられるだろう。

ラグビー、サッカー経験者は戦闘機乗りとして強くなると聞いたことがある。そのあたりから話を聞いてみることにした。

松下浩平2尉。F-4ファントムを操縦していた父の影響を受けてファイターパイロットを目指す。元ラガーマン。

「有利な点としては全体を見て動く、そして同じ状況はないという点で、ラグビーと空中戦は似ているかもしれません。しかし、ついつい一点に集中してしまい、周りが見えなくなることもあります。そこを改善していくのが今の課題です」

でも、ラグビーの経験は飛行訓練にきっと役立つにちがいない。

「現段階の空中戦訓練は1対1を想定したものなので、ラグビーと比較するのはまだ難しいです。しかし今後、多数機で部隊規模の訓練になると、状況判断や自分のとるべき行動にラグビーの経験も活きてくるのではないかと思います」

もうすぐパイロットとして一人立ちする息子にとって、父上はよき相談相手となっているのだろうか。

「父が今の私と同じ戦闘機操縦課程の学生だった時の話を聞いたこともありますが、あくまで参考程度ですね。父よりもさらに上を目指したいというか、父以上に頑張りたいと思います」

さぞかし父上は喜んでおられるのではないだろうか。

「はい。まず防大入学時、幹部候補生学校でパイロット要員になると決まった時は、とても喜んでくれました」

〝父子鷹〟戦闘機乗り

F‐4時代の第305飛行隊の猛者たちは地上でも最強で、飛行隊の宴会は賑やかかを通り越して、かなり〝大荒れ〟の酒席だったと筆者は聞いている。松下もその血統を引いているのだろうか。

「私もお酒は好きなほうです。父も飲んでいましたから」

やはり正しい血統は引き継がれている。父上から、かつての第305飛行隊が、ほかのファントム飛行隊からも畏怖されていたと聞いたことはあるのだろうか。

「聞いたことはあります」

第305飛行隊最強伝説は、こうして受け継がれるのだろう。松下が第305飛行隊に配属されれば〝父子鷹〟戦闘機乗り誕生する。

「行ってみたいとは思いますが、それはまだわかりません」

現在の第305飛行隊はF-15Jイーグルを運用しており、メンバーには初の女性イーグルドライバーもいる。

「彼女は防大の一期先輩なのでよく知っています。とても真面目、それでいて気さくな明るい性格で、運動神経もいい。尊敬できる先輩です」

ところで課程修了も近い松下には、タックネームがすでにあるのだろうか?

「『チョコ』です。言いやすく親しみやすいようにこの名にしました」

ずいぶんと可愛らしいタックネームだが、部隊に行ってからもこの名が使えるのだろうか。

「部隊でもそのままというのは、あまり聞いたことはないですね。じつは希望のタックネームは、史上初めて音速を超えたアメリカのパイロット、チャック・イエーガーから、このどちらかを拝借できればと考えています」

希望が叶うことを筆者は願っている。

感謝の気持ちを持って

スランプに陥ったことは?

「スランプになるほど、うまくないので。うまくいかない時は、それを同僚や教官に聞いてもらいます。やはり、こんな失敗をしたというのを率直に話すことで自分自身の意識も変わり、問題を克服することにつながると思うからです」

同僚、つまりいっしょに学ぶ仲間はどんな存在なのだろうか。

「防大の同期生たちとは、今年で8年目の付き合いになります。24時間いっしょなので、もはや兄弟ですね。厳しい訓練で気持ちが沈んだ時は、皆で飲んだり、お互いに愚痴ったり、励まし合って、気持ちを切り替えています」

同じ目標に向かって苦楽をともにする仲間だけの得がたい絆だ。これこそ、最大の精神的支えだろう。

「それから、自分たちの訓練ができるのは、たくさんの支援してくれる人たちのお陰なので、それを自覚して感謝の気持ちを持ってフライトに臨んでいます。だから、われわれ学生が少しばかりうまくいかないからといって、くよくよしているのは、ちょっと筋違いかな?と。つねに前向きに訓練に取り組むのがわれわれの責務だと思います」

しかし、教官の指導は厳しい。

アンテナ類の破損はないか、外板のへこみはないか、パネルは閉まっているか、飛行前の外部点検を行なう松下2尉。

「フライトにあたって準備不足だと教官から指摘された時は、自分はまだ自覚が足りないんだと落ち込みました。すると、教官は『時間には限りがある。だから基本を忘れるな！』と言われました。逆にうれしかったのは前回できなかったことをクリアして『よかったぞ』と評価してもらえたことです」

自らの成長を実感することもあるのだろうか。

「一人で考えて、空中戦の行動を組み立てるという訓練がありました。それが思いどおりにできた時、ちょっとは進歩したかなと思いましたね」

着実に腕を上げている証しだ。

部隊で彼らが乗るF‐15Jは単座だ。訓練では一定のレベルに達すると、単独飛行が許される。学生にとっては、このフライトの緊張と感激は忘れがたいものになるという。

「緊張していました。手順などを間違えてはいけないので、何回もフライトプランを見返して、見落としや忘れていることがないかを確認しました。そして安全な飛行に努めるようにしました。何がいちばん気持ちいいかというと、空中で360度見回して後ろに誰もいないし、ほぼ真後ろまで見えますから、これまでの訓練フライトとは異なる開放感と爽快感がありました」

大空でただ一人、周囲に遮るものは何もない。単座戦闘機のパイロットだけに許された世界だ。

「着陸時は今まで習ってきたことを忠実に行なうことだけに集中しました。そして着陸してランプに機体を停止させて、あっ、帰ってきたんだと実感しました。同時にプランどおりにできたと思いました」

戦闘機パイロット誕生の瞬間だ。

空中戦とは？

飛行時間80時間、今の時点で松下にとって空中戦とは何かを聞いてみた。

「国を守るための手段であると思っています」

素晴らしい答えだ。しかし、それを実践するためには強くなければならない。

「今は理論をしっかりと勉強して、教官の教えを忠実に守りながら、経験を積み重ねるしかないと思います」

戦闘機乗りとして、強い条件は何か。

「いちばん必要なのは、自身はもちろん、相手、つまり敵や周囲の状況を的確に把握できること。現代の空中戦は長い距離での戦いなので、そこでの判断には頭の回転が速く、先を見越せる能力が重要です」

イーグルドライバーとして一人前といえるのは、どれほどのレベルなのだろうか。

「私には、まだそれは全然わかりません。まだまだ学ぶことは多くあります。ようやくスタートラインに着いたばかりです。部隊に行ってからがほんとうの評価の対象になるのでしょう。今は基礎をしっかりと固めるのが大切だと思っています」

一人前のイーグルドライバーへの道は遠い。それでも、筆者はF‐4ファントムからF‐15イーグルに、そして父から子へと戦闘機乗りの血統が確実に引き継がれつつあることが心強かった。

第2章　航空自衛隊とF-15イーグル

〝世界最強の戦闘機〟といわれたF-15イーグルは、どのように生まれ、不動の評価を獲得するに至ったのか？　また、航空自衛隊のF-15はどのような経緯で採用され、どのように運用されてきたのか？　そして、その将来の展望は？　本章ではF-15と、その開発や運用の足跡をたどっていきたい。

最強戦闘機F-15の誕生

1960年代中頃から米空軍が、F-4E戦闘機の後継機開発を急ぐ必要があったのは「1967年のモスクワ航空ショーでミグ25のデモフライトが披露されたから」といえば大げさかもしれない

最大射程60kmのR-40対空ミサイルを搭載したミグ25戦闘機。F-15よりひと回り大きい全長19.75m。最大速度マッハ3.2もF-15を上回る。(米国防総省)

が、実際かなり影響を受けたのは事実だ。

この当時、西側諸国にはソビエトの正体不明の爆撃機や戦闘機など新型機の情報が、次々に偵察衛星や偵察機などによってもたらされ、それに対抗する航空機を開発する必要が出てきた。

そこで1968年、米空軍は各社から示された次期主力戦闘機(F-X)案から、ロックウェル社、フェアチャイルド社、マグダネル・ダグラス社の提案に絞るが、議会ではF-4ファントムⅡがそうであったように海軍と空軍で同じ戦闘機を開発・採用すべきだとの横やりも入った。しかし、海軍は艦隊防空戦闘機、空軍は制空戦闘機を要求し、統一できないとして両者は反対した。

空軍は1年かけて3社の案を検討した結果、マグダネル・ダグラス(現ボーイング)のF-15を選んだ。先に海軍が発表したF-14に似ているが、マグダネ

試験中のF-15Aの1号機（71-0280）。これまでの米空軍戦闘機にはない洗練したスタイル。1972年の初飛行後、半世紀を過ぎても発展型の生産は続く。

ル・ダグラス案は可変翼ではない広い翼が特徴の機体だった。

「クリップドデルタ形状」と呼ばれる翼は、海軍ではA－5攻撃機、ソビエト機ではミグ25で前例があり、それほど際立って新しいデザインではなかったが、翼の前方付け根をストレーキの効果を期待するデザインにしたり、胴体左右のエアインテークは適切な空気の量を調節するため、空気取り入れ部分が上下に動く仕組みになっており、これらが外観上の特徴だった。

取り入れた空気は、プラット＆ホイットニーF－100エンジンに送り込まれ、1基あたり推力約11トンを生み出し、最高速度マッハ2・5を実現していた。

レーダーは探知距離約200キロメートルで、下方の目標を探知し、ロックオンできるルックダウン・シュートダウン能力を備えたヒューズAPG－63を搭載。固定武装は信頼性のあるM61バルカン20ミリ機関砲を1門。

搭載するミサイルは中距離用4発、短距離用4発が制空戦闘仕様の基本形態だった。

量産型F-15A／Bは、まず1976年に機種転換部隊に配備され、1978年から実動部隊への配備が始まった。以後、F-104やF-106、F-4Dなどを運用していた部隊へ次々に配備され、A型は384機、複座のB型は61機が生産された。

すでに高い性能を備えたF-15Aをさらに優秀なものにしたのが、F-15Cとその複座型Dである。セントラルコンピューターなどアビオニクスが向上しているほか、最も大きな改善は胴体内の燃料タンクを2000ガロン増加させ、戦闘行動半径を2倍としたことだ。この仕様はPEP2000と呼ばれていた。F-15Cは483機、F-15Dは92機が製造され、輸出もされている。

各国のF-15戦闘機

F-15は実用化された当時から、たいへん高価だっただけに採用している国は少ない。米国の同盟国であることはもちろん、1機1000億ドル（約1000億円）以上もする〝高級機〟を買える国のほうがむしろ特別だろう。

アラブ諸国と対峙しており、高性能な戦闘機が必要なイスラエルは、1977年からF-15A／Bの導入を開始している。初めてF-15を実戦で使用したのも同国だ。イスラエル空軍のF-15のコックピットの横には、撃墜したシリア軍機の数を示すキルマークが誇らしく描かれている機体が多い。

イスラエル空軍のF-15D。コックピット後方に衛星通信アンテナを装備し、後席から飛行中のUAV（ドローン）の管制も可能。

現在は2個飛行隊にF-15A型16機、B型6機、C型17機、D型19機を揃えている。2011年からはストライク・イーグル（戦闘爆撃機型）のF-15Iを18機（予定数は50機）を導入している。

サウジアラビアは1981年からF-15C／Dを導入し、現在はC型55機、D型19機、さらに2011年からストライク・イーグルのF-15Sを導入し始め、現在は167機を配備し、さらに25機を追加発注している。

このようにイスラエルとサウジアラビアが、F-15を導入し始めたのは日本とほぼ同時期なのだが、この2か国がストライク・イーグルまで装備し、米空軍のような運用ドクトリンを持っていることは、逆に日本のF-15運用構想は専守防衛の政策があるとはいえ、かなり独自なことであるといえよう。

また、ストライク・イーグルのみを運用している国もある。シンガポールは40機のF‐15SG、韓国は59機のF‐15Kを運用中だ。最も新しい採用国はカタールで、F‐15QAを26機発注しており、2020年頃から引き渡される予定だ。今もなお、受注があるのはF‐15の基本設計が優れていることに加え、拡張性にも優れていることを示す例といえるだろう。

日本のF‐15戦闘機

1975年、防衛庁がF‐4の後継の次期主力戦闘機選定を開始した当時、F‐15はA型しかなかったが、もし、日本がF‐15を採用するなら時期的にPEP2000仕様になるとみられていたので、その名称は「F‐15PEP」と呼ばれていた。のちにマグダネル・ダグラス社がPEP2000仕様をF‐15Cとしたので、採用が決まった空自向けF‐15は、C型に準ずる日本仕様のJ型とされたのだ。

F‐15CとF‐15Jには、いくつかの相違点がある。まず、同盟国であっても輸出規制によって搭載できなかったのが、敵のミサイル接近などを探知し、妨害電波、フレア、チャフなどで欺瞞する戦術電子戦システム（TEWS）だ。これをJ／TEWSに換装するために、国産のAPR‐4レーダー警戒受信機、ALQ‐8電波妨害装置、ライセンス国産のALE‐45Jチャフ・フレアディスペンサーを搭載している。このうちALQ‐8はJ型にしか搭載されていないので、複座のDJ型で電波妨害を行なう任務・訓練時には胴体の下にALQ‐131電子戦ポッドを取り付ける必要がある。F‐15Cには、増加タンク（FAST PACK：密着型増槽）も機体外部に取り付けることができるが、F‐15Jには不要なので取り付けられない。

独自の装備品としては、空自が構成している自動警戒管制システム（バッジ・システム、現在はジャッジ・システム）と連接するためのJ／ASW‐10機上データリンク装置が搭載されている。地上から敵機の情報を受信するシステムである。

米空軍のF‐15Cがアップグレードされると、日本のF‐15Jも同様にアップグレード化される。米空軍では一部のF‐15C／Dに能力向上計画MSIP（Multi Stage Improvement Program）を進めており、日本でも1985（昭和60）年以降に生産された102機にセントラルコンピューターの処理能力を向上させ、計器の一部をデジタルディスプレイに変更、高性能レーダーへの換装、国産の中距離空対空ミサイルAAM‐4の搭載、統合電子戦装置IEWSの搭載、ヘルメット装着型照準装置の追加など、段階的にJ‐MSIPと呼ばれる改修が施されてきた。

さらに2018年末に発表された中期防衛力整備計画では、一部のJ‐MSIP機に対し、電子戦能力の強化や攻撃能力の一層の能力向上が計画されている

これは、AIM‐120AMRAAM（アムラーム）空対空ミサイルを最大8発搭載できるように、AAM‐4と合わせて空対空ミサイルの搭載数を最大16発にする計画、そしてスタンド・オフ・

ミサイルの搭載を含む能力向上改修計画が盛り込まれている。

スタンド・オフ・ミサイルとは、いわゆる巡航ミサイルのことで、敵の防空ミサイルの射程外からの攻撃能力を与えて、空中発射型巡航ミサイルＪＡＳＳＭと長距離対艦ミサイルＬＲＡＳＭの搭載が検討されているようだ。このような能力向上改修されたＪ-ＭＳＩＰ機は空対地、空対艦戦闘も可能な多用途戦闘機に変貌するのだ。

一方で、Ｐｒｅ-ＭＳＩＰと呼ばれるＭＳＩＰに改修されなかった機体は99機ある。これを今から改造すると相応の期間や費用がかかるため、未改修のＦ-15Ｊは米国に売却してしまい、その売却益をＦ-４ＥＪ改と未改修Ｆ-15Ｊの後継機として導入が決まっているＦ-35Ａ戦闘機63機と、Ｆ-35Ｂ戦闘機42機の調達資金の一部にするとされている。

このほか、Ｆ-15Ｊ／ＤＪの改造型として、偵察型と電子戦型の2機種があった。退役するＲＦ-４ＥとＲＦ-４ＥＪ偵察機を補完するために、２００５年からＦ-15Ｊに外部偵察ポッドを取り付けた偵察型のＦ-15Ｊの開発計画があったが、主契約社の東芝が要求性能を満たせないとして、契約が解除され、偵察型の計画は打ち切られた。一方、２００８年から２０１４年にかけて戦闘機搭載型電子防御装置の開発が行なわれ、Ｆ-15ＤＪに新開発の電子戦ポッドを取り付ける計画があった。

だ。

ストライク・イーグルへの発展

F‐15の基本設計が優れていたことを示すのが、制空戦闘機から戦闘爆撃機として発展したことだ。

このF‐15はF‐15E「ストライク・イーグル」と呼ばれ、複座型なので外観はF‐15Dによく似ているが、エアインテーク横にコンフォーマルタンクと呼ばれる増加燃料タンクが設けられている。とはいえ、機体構造の6割を再設計しており、搭載兵器の増加のための構造強化が図られている。複座にしたのは敵防空網下でパイロットは操縦に専念し、爆撃は後席の兵装システム士官が担当するためだ。米空軍は本機を1989年から配備し、湾岸戦争など中東での作戦に使用している。

ストライク・イーグルは前述のとおり、米空軍以外にも、いくつかの国が導入しており、それぞれの採用国は独自の改造を施し、また、戦闘爆撃任務だけでなく、本来のF‐15の役割である制空・要撃戦闘の役割も兼務させている国もある。

空自がF‐4EJ改の後継機として第4次F‐Xの機種選定した際に、F‐35A、FA‐18E／F、ユーロファイターなどと並んでこのF‐15E「ストライク・イーグル」が候補に挙がったこともある。制空戦闘機としての高い能力がその理由だったのだが、F‐35Aのステルス性には及ばず、候補から落ちた。

一方、2019年、米空軍はカタール向けのストライク・イーグルF‐15QAを発展させたF‐15

EXを2027年までに144機を導入し、既存のF‐15C／Dと交代させる計画があると発表した。

米空軍の作戦能力を維持するには、F‐22とF‐35Aの調達、運用コストがかかりすぎ、ステルス戦闘機を投入するまでもない戦域ではコストの安いF‐15EXでも十分と判断されたのだ。F‐15EXはF‐15Cより12発多い20発のAIM‐120中距離ミサイルを搭載でき、対地攻撃ではF‐15Eより6500ポンド多い29500ポンドの爆弾や対地ミサイルなどを搭載できる。

米空軍のこうした判断は、空自の将来の戦闘機調達計画にも少なからず影響を与えるかもしれない。

訓練用爆弾を投下する韓国空軍のストライク・イーグルF-15K。韓国ではスラム・イーグルと呼ばれ、ハープーン対艦ミサイルを搭載できることが特徴。

ボーイングが各国に提案中のF-15EXは戦闘爆撃機F-15Eストライク・イーグルをさらに発展させた最新型のイーグル。

F-15戦闘機の実戦

制空戦闘機としての宿命を負って生まれたF-15は、これまで数々の実戦に投入され空中戦を行なっている。そして、その実戦では1機も撃墜されていない。その圧勝の歴史を最初に刻み、過去最多の撃墜数を記録しているのはイスラエルだ。

シリアとの戦闘では、1979年から1981年に13機のミグ21と、2機のミグ25を撃墜した。1982年には23機のミグ21、17機のミグ23、1機のSA342ガゼルヘリコプターを落とし、また、F-16と協同で、ミグ21、ミグ23、ミグ23Mを計82機撃墜している。

サウジアラビアのF-15Cは、1984年6月5日にペルシャ湾上空でイラン空軍のF-4Eを2機撃墜している。これに対しイランは11機のF-4を発進させたが、サウジ機は引き揚げ、交戦には発展しなかった。しかし、この戦闘はサウジアラビア側から公表されていない。

米空軍が初めてF-15で空中戦を行なったのは、湾岸戦争開戦の1991年1月17日からだ。2機のF-15Cが2機のイラクのミグ29を撃墜、同日夜には1機のF-15Cが2機のミラージュF1を落としている。これに続いてイラク戦争では、F-15CがミラージュF1、ミグ21、ミグ23、ミグ25、ミグ29、スホーイ17、スホーイ22、スホーイ25、イリューシン76、ピラタスPC-9練習機、ミル24攻撃ヘリコプターを、F-15Eがヒューズ500ヘリコプターの計36機を撃墜している。

因縁の対決ともいえるF-15対ミグ25の戦いは、湾岸戦争中に初めて実現した。開戦初日に爆撃機

サウジアラビア空軍のF-15C。C型、D型、ストライク型のSA型まで170機を導入したサウジアラビア。2015年から続くイエメン内戦に政府側の支援で参加している。

を護衛するF-15Cの編隊が、イラクのミグ25からミサイル攻撃を受け、これ回避したF-15Cは計10発のミサイルをミグ25に向け発射したがミグは逃げ切っている。挽回のチャンスは翌々日に到来し、2機のF-15Cが発射したAIM-7ミサイルで2機のミグ25を撃墜した。これがF-15による初めてのミグ25撃墜となった。

その戦闘から11日後の1月30日、イラク情報部隊は2機のF-15Cが燃料不足のため、空中給油機に向かうとの通信をキャッチ、2機のミグ25がそれを急襲した。これに対し、給油を受ける2機を掩護するため、残燃料のある2機のF-15Cがミグ25に交戦を挑んだ。

先にF-15Cから1機のミグ25に向けミサ

イルが発射されたが不発で、そこに別のミグ25が撃ったR‐40ミサイルが飛来し、F‐15Cの左エンジンに命中、しかし飛行は維持できたため、反撃を試みもう1発ミサイルを撃つも、ミグには命中しなかった。

その頃、もう1機のF‐15Cもミグ25に3発のミサイルを発射したが命中せず、反対にミグ25から逆襲に遭い、ロックオンされたのでチャフとフレアを放出して、空中給油機の待機エリア方向に離脱した。

給油を終えたF‐15Cはバグダッド方向に逃げる2機のミグ25に向けてミサイルを2発発射するも命中せず、ミグ25がイラク軍航空基地のアプローチコースに入ったところで、さらに1発撃ったが、ミサイルのレーダーロックが外れ、タッチダウンしたミグ25から3メートルの地表に着弾した。敵航空基地の周囲は対空火器が多いため、F‐15Cは深追いせずに帰投した。

計4機のF‐15Cが2機のミグ25を相手にした空中戦で、F‐15被弾1機の結果になったこの戦闘が、F‐15の歴史上、唯一の空中戦による損害となった。

このほか、湾岸戦争ではサウジアラビア空軍も2機のF‐15Cで、2機のミラージュF1を撃墜している。一方で開戦初日と3日目にF‐15Eがそれぞれ対空火砲とSA‐2地対空ミサイルで落とされている。

米軍は湾岸戦争後も、2003年までイラク領内に飛行禁止空域を設定し、この期間中もイラク空軍と空中戦が行なわれ、F‐15Cでスホーイ22を1機撃墜した。1999年1月5日には、警戒監視中の2機のF‐15Cと海軍の2機のF‐14Dが4機のミグ25を発見し、計6発のミサイルを発射したが命中せず、ミグは逃げ切った。これが現在までのF‐15の宿敵ミグ25との最後の交戦となっている。

この年はユーゴスラビアでもNATOとの戦闘が始まり、3月24日と26日の両日に、ユーゴスラビア空軍の2機のミグ29を2機のF‐15CがAMRAAMで攻撃し、計4機を落としている。これが今のところ、F‐15の最後の実戦となっている。

航空自衛隊へのF‐15導入の経緯

話を日本のF‐15に戻そう。1973(昭和48)年頃から防衛庁では、将来のF‐104J/DJ戦闘機の減勢、そして当時、導入したばかりのF‐4EJでさえ、その損耗を考慮した第3次主力戦闘機導入計画(F‐X)の準備が始まった。

選定作業が始まったのは1975(昭和50)年。候補に挙がった機種は、スウェーデンのサーブJA37ビゲン、英独伊共同開発のパナビア・トーネードMRCA、フランスのダッソー・ミラージュF1、米国からはグラマンがF‐14、マグダネル・ダグラスがF‐15とF‐4Eの改造型、ジェネラル・ダイナミクスがF‐16、ノースロップがYF‐17だった。

F‐4EJを採用した第2次F‐Xの時には、試作中で実機調査が完全ではなかったJ‐37ビゲンとミラージュF‐1の配備が進み、第3次F‐Xでも両機は候補に挙がっている。

この頃、NATO諸国もソビエト軍機に対抗するために、F‐104から新型機への更新を検討していたが、J‐37ビゲンもミラージュF1も苦戦しており、ビゲンは自国以外に採用例がなく、遠く離れた日本が関心を寄せる案も持ち合わせていなかったようだ。

一方、ミラージュF1は、新型のエンジンM53を載せた新バージョンのミラージュF1を提案していた。結局、NATO諸国は空力学的に新機軸を多く採り入れ、発展性のありそうなF‐16を採用したのだが、ミラージュF1は設計思想が古く、新型エンジンの搭載で起死回生を図るが、やはりその程度ではF‐15の魅力には遠く及ばなかった。

ダッソーは結局、このM53エンジンを搭載したミラージュF1は諦め、次作のミラージュ2000に搭載した。ミラージュF1はアフリカと中東では買い手がついたが、今も残るのは、同機をモロッコとイラクから鹵獲したイランだけだ。

もう一つのヨーロッパ機、トーネードはイギリス、西ドイツ、イタリアで共同開発された多用途戦闘機である。双発エンジンの可変翼機で要撃や対地攻撃、偵察など、開発国それぞれの目的に合わせて設計されていた。

各国が試作機を使った試験を進めているタイミングで、日本はF‐Xの候補に入れたのだが、F‐

15のライバルであるF‐14同様に可変翼を特徴とするトーネードは、ヨーロッパ勢のF‐X候補機としては、最も要求に近い性能を持っていた。しかし、F‐X資料調査団がヨーロッパで調査していた時期は、パナビア社も要撃能力と対地攻撃能力の仕様で各国の意見がまとまっていなかった点もあり、またイギリス空軍が強く求める防空型の完成が遅れる見込みもあった。

日本がF‐Xとしてトーネードを導入したら、イギリス空軍が採用した防空型トーネードADV

ジェネラルダイナミクスF-16は各国が採用し、戦闘機のシェア率最多の15%。採用しなかった日本はF-2戦闘機のベースとして発展させた。(米空軍)

サーブAJ37ビゲンは母国スウェーデン以外は採用に至らなかった。2005年に退役したが、同社の後継機JAS39グリペンは各国が採用するヒット商品となった。(SAAB)

ダッソー・ミラージュF-1は720機が生産され、13か国の空軍が導入したベストセラー機となったが、拡張性に乏しく、先進国は早々に新型機へ移行した。

グラマンF-14A試作1号機。艦隊防空のために射程約190kmのフェニックス対空ミサイルを6発搭載でき、高性能レーダーと相まって防空には向いていた。（グラマン）

パナビア・トーネードは各種バリエーションがあり、制空戦闘機型はイギリスが採用したADV型。イギリスは写真のF3を2011年まで使用。

ノースロップYF-17は米空軍でF-16に敗れたが、海軍はFA-18艦上戦闘機として採用。各国に販売され世界の現有戦闘機のシェア率は６％で第2位。（ノースロップ）

（トーネードＦ２）となっていたはずだ。イギリスはＦ２を１９８４年から配備しているので、日本のＦ‐Ｘ事業を勘案すると防空力に大幅な空白期ができる可能性があった。イギリス空軍はＦ２の改良型トーネードＦ３を２０１１年まで使用した。なお、Ｆ‐15Ｃを導入したサウジアラビアも、トーネードＦ３によってＦ‐15を補完していた時期があった。

Ｆ‐Ｘ候補機の中で不思議なのが、ノースロップ社のＹＦ‐17だった。将来のＦ‐17戦闘機として、米空軍の軽量戦闘機計画に挑んだノースロップの試作機であったが、米空軍はF‐16を採用したので、YF‐17は試作機2機が製造されただけで、F‐17の完成機はなかった。

その一方で、米海軍はYF‐17のコンセプトが空母艦載機に合っていると判断し、艦載機の開発経験のないノースロップに代わって、マグダネル・ダグラスにYF‐17を基にしたF‐18の開発を契約させた。ノースロップは陸上機用の販売権はあったので、日本がF‐XにYF‐17から発展したF‐18を採用したら、ノースロップと代理店契約を結んでいた伊藤忠商事が輸入を担当するはずだった。

F‐18は開発途中で名称が戦闘攻撃機FA‐18Aとなり、米海軍でF‐14をしのぐ多用途戦闘機として重宝され、やがてFA‐18E／Fスーパーホーネットに発展し、第4次F‐Xでステルス戦闘機のF‐35とともに候補機に挙がっている。

最強戦闘機を選ばなければならない理由

F‐X選定作業が始まった1975（昭和50）年からF‐15の採用の決まった1977（昭和52）年の時代背景は、まさに米ソ冷戦の最中だった。米国の同盟国である日本は、地政的にその最前線に位置していたため、極東ソビエト空軍の戦闘機、爆撃機、偵察機が日常的に領空に接近し、空自はF‐4EJやF‐104Jでスクランブルをかける日々が続いていた。

当時、極東ソビエト空軍にはミグ21、ミグ23、ミグ25、ミグ27、スホーイ15、スホーイ17、スホーイ24などの戦闘機が2千から3千機配備されているとされ、その中でもF‐Xの選定に大きな影響を与えたとされるのは、最高速度がマッハ3にもなるミグ25の存在だった。

昭和50年代に入ると、航空雑誌や新聞などに「ミグ25極東配備」のニュースが出始める。すでに偵察型のミグ25は配備されていたが、戦闘機型も配備され始めたのではないかという報道だった。

また、NATOが正体不明の超音速爆撃機としていたTu‐28／Tu‐128「ブラインダー」も脅威とされていたが、のちにこれは全長30メートルの大型の迎撃用の戦闘機だったことが判明。NATOがこの機体に与えていたコード名も戦闘機を意味するFで始まる「フィドラー」に変更され、のちに「ブラインダー」の名称はTu‐22爆撃機に与えられた。

今では、その性能が過大評価だったとされているミグ29も、ちょうどその頃、試験飛行が明らかになり、これも高性能な戦闘機として脅威に映ったのだろう。

偵察衛星や戦略偵察機による情報収集でも、用途が判別できない軍用機があるくらいなのだから、極東ソビエト空軍の戦闘機の総数も曖昧なのは当然で、当時の『防衛白書』には2120機と記載されている一方、米国防総省のレポートでは3千機以上とするなど、数字にはばらつきがあった。

日本はソビエト空軍の最新情報を米国の偵察能力に頼っていたが、「ブラインダー」の一例が示すように米国でさえも十分な解明ができていなかった。脅威の対象の能力が未知のままF‐Xの選定を進めるには、最も優れた機種を選定するしか選択肢がないのは当然で、米国の最新鋭機F‐14、F‐

米空軍はF-16とF-15の両方を採用しハイ・ロー・ミックスの体制を築く。日本もそのドクトリンを研究したようだが、F-15一本に絞った。（米空軍）

15、F-16から選ぶというのは、NATOのような周辺国とのアライアンス（同盟）に期待できない日本にとっては現実に沿ったものであった。

F-16が候補機として残ったのは、F-15を装備する米空軍が導入を決め、さらにはNATOの4か国がF-104の後継機として採用したことが関係あるかもしれない。

米空軍は高価格な重戦闘機のF-15と、低価格の軽戦闘機の二本立てにする「ハイ・ロー・ミックス」という方針を進めていた。F-X選定時ではF-16は試作機2機による試験中の段階でF-X調査団は試乗もできていない。そもそも、初期型のF-16Aはレーダーなどの能力から昼間戦闘機としての役割しかなく、これがF-X選定の基準に合っていなかった。ジェネラル・ダイナミクス社は、F-16のAPG66レーダーとAIM-7ミサイルを載せる全天候型F-16の計画があったが、配備は1989年の予定だった。

それでもF-16がF-14とF-15に並んで選定に残ったのは、空自も米空軍のようなハイ・ロー・ミックスを検討していたのかもしれない。あるいは、日本と同様にソビエト機を要撃する戦闘機を探していたNATOの4か国が、ヨーロッパ製戦闘機をさしおいてF-16を採用したことで、これを理由として候補機からヨーロッパ勢を脱落させる口実にしようとしていたのかもしれない。

空自がF-X選定にF-15を有力視していた1976(昭和51)年10月には、イスラエルが25機のF-15を先に導入し、F-16が完成次第、導入するハイ・ロー・ミックスの方針を決めた。米国防総省がイスラエル空軍にハイ・ロー・ミックスのコンセプトに関する情報をかなり提供しており、同様の情報は日本にももたらされた可能性がある。

しかし、イスラエルはこのプランを採用したが、日本はF-15だけを選んだ。いずれにしろ、のちに空自がF-1支援戦闘機の後継機として、F-16をベースとしたF-2戦闘機を導入したことは、歴史のめぐり合わせを見るようで、たいへん興味深い。

F-14対F-15

当時、国会でもかなり議論になったことだが、F-X選定作業当初から候補機はF-15一択だったようだ。しかし、長い将来にわたって日本の防空を担う戦闘機を複数の比較検証もなしに決めること

入間基地で行なわれた国際航空宇宙展に展示されたF-14A。7000km先の洋上の空母から空中給油で飛来し、TF-15Aとの一騎打ちに挑んだ。(嶋田康宏)

はできず、米海軍が主力としていたF・14はまさにF・15との比較対象としては最も適していた。

F・14とF・15は、日本で対決する約2年前、1974年にも対決している。当時、親米国家だったイラン帝国だ。日本と同様に北部からソビエトの爆撃機や偵察機の侵入に頭を悩ませていたイラン空軍はF・14とF・15の調査の結果、レーダーレンジが広く、ミサイルの能力を最大限に引き出せるF・14を80機採用した。グラマン社にとってこの実績が日本への売り込みに自信をもたらした。

グラマンがF・15と争って80機という大きな契約を結んだことはすでに世界的なニュースになっていたので、日本のF・Xも、F・14対F・15という図式で注目されていた。空自が当初から本命をF・15としていたのなら、その理由をはっきり国民に示す必要もあったのだろう。F・X調査団は2度目の派米でさらなる調査を行なうことにした。

グラマンにとって不運だったのは、F－X調査団が訪米中にエンジントラブルによってF－14が飛行中止になってしまったことだ。F－14のエンジンTF30は、機体の重量に対して推力が不足気味とされていたが、それより問題だったのは、とくに高機動でエンジン停止が起きやすいことだった。これは空中戦こそが本領である戦闘機にとって致命的であった。グラマンもそれは十分に認識しており、新型エンジンF404を搭載するF－14Bの開発が始まっていることを日本側に示している。

訪米中にF－14に試乗できないことになった調査団は20人のうち5人を残して帰国し、飛行停止解除を待ってF－14の試乗調査を完了させている。F－XにF－15が本命として決まっていたのなら、「エンジン不調の飛行停止」は候補から外せる十分な理由にもなりそうだが、そこはF－15のライバル機として調査すべきという国民に対する説明責任のような思惑があったかもしれない。

F－X調査団が帰国し、航空幕僚長に調査報告の提出から、わずか1か月後の1976（昭和51）年9月6日、世界を揺るがす大事件が発生した。「ミグ25函館空港着陸事件」だ。

侵入機に対してF－4EJのルックダウン（レーダーによる下方目標の探知）能力が脆弱だったところを衝かれたかたちになり、日本の防空態勢を揺るがす事態になった事件だが、それよりも一般国民が衝撃を受けたのが、テレビに映るマッハ3を超える世界最速の戦闘機ミグ25の姿かたちが、その頃、話題になっていたF－15とよく似ていたことだ。

多くの国民はソビエトが航空宇宙の分野で世界をリードしていることも知っているので、「F－14のような飛行機ではダメだ。F－15の導入を」と感じたのも事実だった。街の模型店やデパート玩具売り場では、急きょ発売されたミグ25とF－15のプラモデルが特設コーナーに並んだ。そこにF－14が並んでいた記憶は筆者にはない。

F－X選定に加え、ミグ25事件まで加わり、国会、マスコミ、一般国民までもがこれほど「戦闘機」に注目した時期はなかったのではないだろうか。

函館空港に着陸したミグ25を報じるNHKニュースのキャプチャー映像。日本国民が驚き、テレビに釘付けになった。（NHK番組より）

ミグ25が百里基地に移送され調査が行なわれている最中、10月16日から24日まで入間基地で「第5回国際航空宇宙ショー」が開催された。ここでグラマンは最後の望みをかけたプロモーションを行なう。オーストラリア近海で米豪合同演習中だった原子力空母「エンタープライズ」からわざわざF－14Aを飛ばして参加させたのだった。

一方、マグダネル・ダグラスも複座型であるTF－15Aを入間に持ち込んだ。F－X調査団とは別に航空自衛隊幹部がF－14とF－15の実機を見る貴重な機会となり、またそれは次期戦闘機になる可能性のある両機種を日本国民に初めて披露した、いわば公開バトルの場となった。両社は可能な限り空自パイロットや防衛庁職員に同乗する機会を設けたという。

そして、この約2か月後の12月9日、防衛庁は第3次F-XにF-15を内定した。最大のライバル機F-14を調査団が滞在延長してまで調査し、また多くの関係者が入間基地でF-14の実機を視察し、納得ずくでのF-15の勝利となったのだった。

F-15もF-14も搭載機器では両者に大きなちがいはない。F-14の特徴である可変翼は空中戦で速度を変化させる画期的な技術とされていたが、その機構のため重量が増加し、実質的に空中戦での機動で決定的に不利になる局面が生じたり、さらに信頼性に欠けるTF30エンジンが機体性能の優劣を決めたともいえる。F-14の評価について、F-4EJの元パイロット倉本淳、吉川潔の両氏はF-14との訓練を経験しており「少なくとも空戦は下手」（拙著『永遠の翼F-4ファントム』）と語っている。

米海軍は艦隊防空にF-14A/Dを採用したが、F-14のレーダーの倍の距離を探知できるイージス・レーダーと、10倍以上の数の対空ミサイルを載せたイージス艦の登場で、行き場を失ったF-14を対地攻撃機に変更し、2006年まで使用した。イランはいまだに要撃機として現在も使用中だ。

米空軍は1976年にF-15の配備を開始。日本はその５年後から配備が始まった。写真はF-15（71-0291）試作15号機で複座型２号機。（米空軍）

１年遅れたＦ‐15戦闘機の配備

Ｆ‐Ｘに内定したＦ‐15について、防衛庁はその調達数を昭和52年度から5個飛行隊分１２３機としていた。しかし、国会で審議の時間が短すぎるとして、昭和52年度予算では導入が見送られてしまう。ようやく、内定から1年後の１９７７（昭和52）年12月28日の国防会議で、昭和53年度から62年度までの10か年でＦ‐15Ｊを１００機調達することが決まった。

１００機の内訳はマグダネル・ダグラス製Ｆ‐15Ｊを2機、三菱重工によるライセンス生産機を86機、複座型のＦ‐15ＤＪは12機すべてがマグダネル・ダグラス製となった。なお、導入が1年遅れることで、昭和52年度予算ではＦ‐４ＥＪを12機追加調達することになった。

しかし、この1年は今から考えるとかなり大きな影響があった1年かもしれない。もし次の第4次F‐X選定が1年早く始まっていれば、こんにち、世界最高峰とされるステルス戦闘機F‐22の輸出が許可される時間的な猶予が生まれていたかもしれないし、F‐22が導入できれば、結果的にF‐35Aの採用はなくなり、さらにいえば、海自の護衛艦に搭載できるF‐35Bの導入もハードルが少し上がったかもしれない。

逆に艦載型のF‐22はないのでF‐35Bの導入に弾みがつき、「いずも」型護衛艦の改修も早まり、結果的に中国が純国産空母をデビューさせる前に、ステルス戦闘機だけでハイ・アンド・ロー体制ができていたかもしれない。今、われわれが何気なく過ごす1年も、のちのち重要な意味を持つなら、今という時間を意味のある時間にしなければならないと思う。

話を1980（昭和55）年に戻そう。この年の6月4日、マグダネル・ダグラスのセントルイス工場で日本向けのF‐15Jの1号機が初飛行した。米国製を導入するのは1号機と2号機だけで、残りは三菱重工でノックダウン生産とライセンス生産となる。

この2機は翌年3月1日に空中給油を受けながら、ハワイのヒッカム空軍基地経由で沖縄の嘉手納基地に到着し、嘉手納で国籍マークの日の丸が入れられ、3月27日に空自岐阜基地に到着した。岐阜基地に運ばれたのは、新型機は航空実験団（当時）において各種の試験が行なわれるためだ。

最終調達数は213機

昭和51年末に123機で見積もったF‐15の調達計画は、1982（昭和57）年に155機、1985昭和（60）年に187機、1990（平成2）年に223機と増加されたが、1992（平成4）年に210機へと削減され、最終的に1995（平成7）年に213機となった。

内訳はF‐15Jが米国製完成品の2機と、ライセンス生産の163機で合わせて165機。F‐15DJは最初に調達した完成品の12機に加え、ノックダウン生産の8機、ライセンス生産の28機の合計48機で、これらの総数は213機となり、最終的に当初の計画のおよそ倍の機数を8個飛行隊に配備するまでになった。

F‐15最初の部隊である臨時F‐15飛行隊は、1機のF‐15J、4機のF‐15DJをもって、1981（昭和56）年12月7日に新田原基地で編成された。同隊は翌年12月21日に機種転換部隊となる第202飛行隊へ改編した。

最初の実動部隊となったのは、やはり対ソビエトの最前線である千歳基地の第203飛行隊で、1984（昭和59）年3月24日から運用が始まった。首都防衛の百里基地には1985（昭和60）年3月2日に第204飛行隊に配備が開始された。翌年3月19日には千歳基地に第201飛行隊がF‐15戦闘機部隊として再編された。

1987（昭和62）年12月1日には、初めてF‐4EJからF‐15への機種更新として小松基地の

F-15Jの１号機（02-8801）。アメリカで生産された２機のF-15Jのうちの1機。
現在も飛行開発実験団に配備され各種装備品の試験に使用されている。

第３０３飛行隊に配備された。約２年の空白を置いて１９９０（平成２）年１月20日には、築城基地の同じくＦ-４ＥＪを装備していた第３０４飛行隊、１９９３（平成５）年８月２日には百里基地の第３０５飛行隊に配備、実動部隊最後の配備先は、それまでＦ-４ＥＪ改を装備していた小松基地の第３０６飛行隊で、１９９７（平成９）年３月18日から機種更新された。

これらの部隊はＦ-４ＥＪの退役などにともない部隊の移動があったが、那覇基地だけは、２００９（平成21）年１月19日に百里基地から第２０４飛行隊が移駐するまでＦ-15は配備されていなかった。

１個飛行隊あたり何機のＦ-15があるかは、「秘」の赤いハンコが押された重要機密事項なので公表されていないが、保有機数を部隊の数で割った数ではなさそうだ。ＩＲＡＮ《アイラン》整備のため三菱重工小牧工場で分解整備される機体もあるからだ。

新田原基地に所在、仮設敵部隊としてT-2超音速高等練習機を使っていた飛行教導隊は、1990（平成2）年4月12日にF-15DJを配備し、2014（平成26）年8月1日から航空戦術教導団飛行教導群に改編、小松基地に本拠地を移動している。このほか、各種の試験を行なう岐阜基地の飛行開発実験団と、整備員を養成する浜松基地の第1術科学校にも少数のF-15Jがある。

1997（平成9）年に第306飛行隊が編成されてからの2年間が、F-15実動部隊、8個飛行隊であったのが最大勢力で、2000（平成12）年に第202飛行隊に代わって、航空教育集団隷下の第23飛行隊が編成されてからは7個の実動飛行隊と1個教育飛行隊、1個飛行教導隊となっている。

空自のF-15の運用は1984年から第203飛行隊が約35年、最も新しい1997年配備の第306飛行隊でも22年になる。第4次F-X で決まったF-35Aが導入完了する頃には、F-15は半世紀近く日本の空を守ってきたことになる。F-X選定時の条件一つでもあった「長期にわたり第一線であること」は、ほかの候補機が世界でリタイアしていることからも、この選択が正しかったといえる。

もし空自が選んだのがF-15ではなかったら、本書のインタビューに答えたパイロットたちからは「ビゲンはねー、短距離で上がれるけど、燃料がもたなくてねー」とか「F-14はミサイル付けたら重くて、空中戦が難しくてさー」などという談話が出てきたのだろうか。

やはり、歴史の結果である現在を見れば、いかに当時の判断が適切だったか、本書に登場するイーグルドライバーたちの言葉が証明している。

第3章　伝説のイーグルドライバー

〝15人の鷲侍〟

航空自衛隊のイーグルドライバーの原点は１９８１年２月、各地の戦闘機部隊などから選ばれた15人のパイロットがＦ‐15への機種転換教育のために米国に留学した時から始まる。彼らはイーグルドライバーたちのあいだで〝15人の鷲侍〟として知られている。

その一人が森垣英佐、当時３等空佐である。森垣氏は１９８１年９月、Ｆ‐15の操縦教官資格を米国留学で取得して帰国、Ｆ‐15臨時飛行隊教官、第２０２飛行隊長などを歴任し、導入当初からＦ‐15の戦力化に尽力した。飛行時間は７１４３時間。

森垣氏を知る元イーグルドライバーたちはこう語る。

「生え抜きのイーグルドライバー。戦闘機乗りの間では有名な方です。とにかく、類いまれなる体力の持ち主で、71歳頃までサッカーをやっていました。空中でも無敵だったんですけど、地上でも走る、海では泳ぎ潜るのも無敵。さらに酒も強くて、酔うけど絶対に酩酊しない。飲みっぷりが気持ちいいんですよ。今もランニングと水泳、ジムで鍛えているから筋骨隆々。戦闘機乗りのあるべき姿を具現した人です」

新田原基地からほど近い宮崎県新富町在住の森垣氏を訪ねた。

伺ったご自宅のリビングルームの一角には、F－86F、F－4EJ、F－15J、アグレッサー塗装

森垣英佐氏。“15人の鷲侍”と呼ばれるF-15機種転換教育の米留組の一人。F-15臨時飛行隊の教官、最初の実戦部隊である第202飛行隊の隊長など歴任。

のT-2の模型が飾られていた。いずれも、森垣氏が乗り継いできた歴代の戦闘機である。

森垣氏は1944年生まれ、京都市東山区の出身。地元の日吉ケ丘高校から航空学生に進んだ。まずはパイロットを志した経緯から語ってもらった。

「高校3年生になって進路を考え始めた時は、体育の先生になろうと思っていました。体育教諭からも『お前ならば絶対にできるぞ』って勧めてくれました」

しかし、そこは10代の若者、将来の進路は簡単な理由で変わる。

「2年前に卒業した先輩が航空自衛隊にいて、そこに遊びに行った同級生の女の子たちが『先輩、カッコよかったよ』と言っていたんです」

実は森垣はそれ以前に自衛官募集の窓口である地方連絡部を訪ねていた。そこで手にした航空学生の募集パンフレットで、高卒でも飛行機に乗れる道があるのを知っていたが、同級生の女の子たちの言葉に背中を押されたのは間違いない。

「目は悪くなかったんですけど『視力が1・0を切ったらパイロットになれませんよ』と募集担当者から言われました。姉と兄が近視だったのでそれなら目がいいうちに一度、挑戦してみようと思って。もともと子供の頃から飛行機は好きだった。パイロットがだめなら、体育の先生になればええやと……」

飛行機好きは、何のパイロットを目指したのであろうか?

「最初から戦闘機。あの頃は京都でも、よく米軍のF‐100戦闘機が発するドーンという衝撃波が聞こえて、たまに機影も見えるんですよ。それから兄がアメリカ映画が好きで、私もよく映画館について行った。ある日、観たのが『第8ジェット戦闘機隊』という作品で『うわぁー、ジェット戦闘機はかっこいいなー』と感激しました」

『第8ジェット戦闘機隊』は1954年製作の米映画で、朝鮮戦争を舞台に米海軍の空母艦載ジェット戦闘機F‐9Fパンサーのパイロットたちの活躍を描いたものである。

「男のロマンというか、男なら体力、気力の限り挑戦してみろって、映画から言われているような気がしてね」

こうして、航空学生（18期）に採用された森垣は戦闘機パイロットとしての第一歩を踏み出した。1962年3月のことだった。

米国留学

1981年4月、森垣氏はF‐15への機種転換教育、操縦教官の資格取得のため、米国へ派遣されるメンバー15人のうちの一人に選ばれた。このメンバーは出身別に防大卒11人のほか航空学生出身者も選ばれ、森垣のほか、松本康生《まつもとやすお》、重永雅《しげながまさる》、井上博昭《いのうえひろあき》の4人が指名された。

「とにかく、世界最強にして最大の空軍がどんなものかを見るのは強烈なインパクトになる。あら

米国留学先のルーク空軍基地で訓練中のひとコマ（重永雅氏提供）

ゆることをチャンスと捉えて知識、技術を吸収しよう」

派遣を命じられた時のことを重永氏は回顧する。重永、井上の両氏は、のちほど紹介するが、この4人の経歴、実力からすれば、選抜は当然のことであろう。

彼らは渡米直前にF‐15取扱法および英語の講習を約4週間受けた。そして、1981年4月、いよいよ米国に向かった。

「成田空港から民間機で出発しました。ダラス経由でテキサス州のサンアントニオ。ここにはラックランド空軍基地があり、そこにある英語学校に入校しました。1か月間、毎日24時間英語漬け」

英会話は、相当うまくなったにちがいない。次に向かったのは、アリゾナの砂漠のど真中、ルーク空軍基地である。

「いよいよＦ - 15への機種転換と操縦教官になるための教育を受ける飛行隊に行きました。まずは座学からでした。最初の日は辞書も持参したけど間に合わない。だから、次の日から捨てた。一つのセンテンスに三つぐらい知らない単語が出てきたら、わからないですよ。私の訓練を担当する教官が決まって、その次がシミュレーター。で、その次がフライトです」

こうして本格的な訓練が始まると、座学、シミュレーター、フライトの課目ごとに成績がすべて発表されたという。

「私らね、アメリカ人の訓練生より成績はよかった。彼らから『お前ら、英語もしゃべれないのに、何でこんなにいいの?』と言われた」

センスや勘がよかったからなのだろうか。

「いや、飛行時間の差でしょうね。経験が長いから理解が速い。勉強しながら飛ぶとわかってくる。どんどん差がつきましたね。ただ日常英会話には困った。知っているのは戦闘機の専門用語ばかりですからね。やっぱり、ふつうの英会話は大事ですよ」

性能抜群のＦ - 15

初めてのＦ - 15に、どんな印象をもったのだろうか。

「私が長く乗っていたＦ - 86は、スポーツカーみたいに動きがシャープな飛行機だった。だけど、ウェポンはガン（機関銃）しかない。F‐4ファントムは鈍重で空中戦よりも爆弾をたくさん積んで落とす飛行機。F‐15はウェポンもいっぱい積めて、動きはF‐86のように軽快。まさに最高の戦闘機だと思いました」

実際に飛んでみると、森垣のこの印象はさらに確かなものになったという。

「やっぱり、パワーがちがう。エンジン1基の推力が2万4千ポンド（約11トン）、それが2基。F‐4ファントムも2基だけど、パワーは比べものにならない。F‐15は乗り心地はいいし、見晴らしがいい。コックピットが高い位置にある。シートに座った時もF‐86と同じだなと思った。機動性もF‐86に似ている。F‐86にファントム以上のエンジンを付けたのがF‐15。だから、私はF‐15にすぐ慣れることができました。なぜならF‐86で2000時間ほど飛んでましたからね」

森垣をはじめ米国でF‐15に初めて接したパイロットたちは、実機によるフライト訓練で、さらにF‐15の素晴らしさを実感することになったという。

「とくにレーダーがすごかった。訓練空域から帰投中に、レーダーのディスプレイに地上の何かが映った。ロックオンしたら、TD（ターゲット・デジグネイト）ボックスが出てきた。ハッとして、コックピットから地上を見ると、砂漠の一本道をトラックが走っていました。これはF‐104やF‐4では絶対にできない。ドップラーレーダーの威力です」（森垣氏）

「F‐104でグランドクラッター（レーダー電波の地表からの乱反射）があるなかで、近づいて

留学当時の訓練の様子（重永雅氏提供）

くるターゲットを見つけてロックオンできるのは、エレメントリーダー（2機編隊長）くらいにならないとできない。でも、F - 15はパイロットが何もしなくても、レーダーに映してくれる」（重永氏）

「F - 4では後席のパイロットにはレーダー操作に職人技が求められたが、それがF - 15ではまったく必要でなくなりました」（井上氏）

「だから、F - 4は二人乗りになったんでしょうけど、F - 104はすべて一人でやらなければならなかった……」（重永氏）

しかし、これまでの戦闘機にあった不便を解消した性能抜群のレーダーなど、F - 15の高度なアビオニクスは一方でパイロット泣かせでもあったという。

「アメリカのパイロットはイーグルドライバーを〝ピアニスト〟と呼ぶんですよ」

F-15のコックピットは、さまざまなスイッチ、ボタンで埋め尽くされている。パイロットは、それらを難易度の高いピアノコンチェルトを弾くごとく操作しなければならない。

「右手でスティック（操縦桿）を握ったまま、スロットルを操作し、さらにレーダーやミサイルのスイッチを操作しながらいくつもの計器を見て飛ぶ。だから、それを使いこなすには、頭の回転と指の動作が速くなければならない」

それを音速や大きなGが加わるなかでやるのだから、ピアノ演奏の比ではない。

「複座のF-4ならば、後席のレーダーマンが航法関係をすべてやってくれるから、前席のパイロットは、あっち行けこっち行けと指示どおり飛ぶだけなんですよ。単座は複座以上の働きを一人でやらないとならない。だからF-15は、そこにやりがいがあるんです」

指が太く、ごつい野郎には難しそうだ。

「そんな奴でも、シミュレーターや駐機中のコックピットに座って操作の練習はできます。でも、空中での操作や感覚はやっぱり飛ばないとだめ」

F-15の難点

森垣は飛べば飛ぶほど、F-15に魅了されていった。しかし、高性能なF-15にも思わぬ難点があった。

「F‐15の難点は機体ではなく、パイロットのほうにあるんですよ。G（重力加速度）がかかり過ぎて、GLOC《ジーロック》（Loss of Consciousness by G force：Gによる意識喪失）を起こす。つまりGに負けてパイロットが失神してしまう」

後述するが、パイロットたちは身体を鍛え、筋肉トレーニングを熱心に行なうのは、これが理由だった。

「それから、アビオニクスが進んでいるため、HUD（ヘッド・アップ・ディスプレイ）を見ていてのバーティゴ（空間識失調）が起きる」

飛行中、一時的に平衡感覚を失い、機体の姿勢や上下、つまりどちらが空か陸、あるいは海なのかわからなくなる状態である。自機が上昇しているとパイロットが認識していても、実際は下降していて、最悪の場合、墜落する。

「さらにF‐15は機動があまりにも鋭い。相手機が向こうに飛んで行っていると思うじゃないですか、ところがちがっていて、こっちに向かって来ている。すると空中衝突につながる……。F‐15の墜落事故はパイロットの感覚に起因するGLOC、バーディコ、空中衝突が三大原因です」

F‐15の性能は、それを操る人間の能力を超えてしまったのだ。これにどのように向き合うかが問われることになった。森垣も危機一髪の事態を間近に経験している。

「私がまだ現役の頃、訓練中のパイロットが激しい機動で失神して操縦不能になったが、運よく意

米空軍のF-15Dを使った訓練（重永雅氏提供）

識を回復して生還したことがあった。Ｆ－15はビデオカメラを搭載しているので、あとからその映像を見たら『あっ、ＧＬＯＣに入っとる』とすぐにわかった。海面がグワーッと迫ってきたが、激突寸前ぎりぎりで回復機動できたので助かった」

高性能ゆえに起こるＦ－15の危険と表裏一体の恐るべき現実だ。森垣はＧＬＯＣになったことがあるのだろうか。

「私はない」

しかし、米国での操縦教官課程ではこんな体験をしている。

「Ｆ－15ＤＪの後席で教官としての教示飛行訓練中、前席のデイビス教官が『I have control（私が操縦する）、インディアンの聖地の山でも遊覧飛行しようか？』と言ってきた。前席の私は彼に操縦を任せて、その山を見ていた。そうしたら、デイビス教官は突然、ガクンと9Gがかかる急旋回をした。フワーッと意識が朦朧となるなか、無意識にベイルアウト（緊急脱出）に備え、シートの脇にある緊急射出レバーをつかもうとしたが、手がそこにいかない。そうしているうちにリカバーした。するとデイビス教官はこう言った。『お前は今、油断していただろ？』。そりゃ、9Gをいきなりかけられたからね」

デイビス教官との飛行訓練を終え、地上に降りてから、下肢を見ると足首の内側が紫色に鬱血していた。急旋回など激しい機動が続くと、パイロットの血圧は急上昇する。Gスーツで身体を締め付けていても、充血で毛細血管が裂けてしまうのだ。

「帰ってきてからのデブリーフィングで、別の教官から『お前、油断したな。学生を乗せての訓練飛行では、前席の学生は何をやるかわからない。だから、絶対に油断してはいかん』とね」

米国での訓練中の失敗の一つであった。しかし、この経験はのちに第202飛行隊で活かされることになる。

「燃料漏れじゃないからOKだ」

また、米国ではこんな経験もしている。ある日の飛行訓練直前のことだった。

「日本の航空機整備は優秀なんですよ。フライト前に機体をチェックしますが、自衛隊機にはオイル漏れなんか、まったくありません」

米空軍士官と談笑する“15人の鷲侍”メンバー（井上博昭氏提供）

ところが、米軍機はちがっていた。F‐15の飛行前点検で米空軍の教官と森垣がいっしょに機体の周囲を回っていると、エンジンの近く、尾翼の付け根あたりに光る部分を見つけた。

「それで教官に『これはフュルリーケージ（燃料漏れ）じゃない？』と言ったら、彼は『フュルシーページ（燃料のシミ）だ。きちんと燃料が送られている証拠。だからOKだ』と」

空自ならば、絶対にありえない状態だ。とにかく、米空軍教官が「大丈夫」と言うからには、飛ぶしかない。森垣は、そのF‐15に搭乗して離陸した。

「米国に行く前から、現地の事情を知る方々から『向こうの整備は適当だから、気をつけろよ』と言われていたけど、実際に目の当たりにすると、やはり気になるもんです。実戦を戦っている軍隊の気質なのか、おおらかなのか、わからないけれど『こんなのは大丈夫、飛べるよ』と教官が言う。日本では神経質なほど完全を追求する。だから自衛隊機はきれいですよ」

筆者も米軍の飛行機を何度も見たことがあるが、確かにオイルなどによるものと思われるシミや汚れが多く、薄汚い印象がある。それに対して空自の飛行機はピカピカで手入れが行き届いている。国民性は、こんなところにも現れるのだろう。

このF‐15への機種転換教育と操縦教官課程の期間は約4か月、飛行時間は約40時間。そんな短い時間でF‐15を飛ばせるようになるのだろうか。

「機種転換だけならば20時間ぐらいでできる。シミュレーターがよかったから、すぐに実機に移っても問題なかった」

1981年9月、森垣は米国でのすべての訓練を終え帰国した。訓練課程修了時の米空軍の教官たちからの講評は、その優れた操縦技量を高く評価するものだった。そして、いよいよ空自のF‐15操縦教官として部隊建設、戦力化の日々が始まる。

F‐15臨時飛行隊

森垣は米国から帰国後、新田原基地に新編されるF‐15臨時飛行隊（のちの第202飛行隊）要員として着任した。

1981年12月に新編されたばかりのF‐15臨時飛行隊は、飛行隊長に森垣らとともに米国留学した武田清2等空佐が任命され、F‐104装備の第202、第204飛行隊が所在する飛行場地区の一角に建てられたプレハブの隊舎で、F‐15の早期戦力化に向けてパイロット・整備員の養成、部隊運用試験を開始した。

F-15臨時飛行隊のF-15J（12-8803）。ノックダウン生産の1号機。後方には第202飛行隊のF-104Jが見える。

F-15臨時飛行隊で部隊運用試験中のF-15DJ。フライトから戻ったパイロットを囲んで整備員たちが試験の状況、結果を聞いている。（1982年11月撮影）

1981年12月7日、F-15臨時飛行隊新編時の記念写真。後方のF-15DJはDJ型完成輸入の4号機。（航空自衛隊）

森垣らが教官となって機種転換訓練にあたったのは、全国の飛行隊から転出してきたベテランパイロットたちで、また整備員の多くは第202飛行隊でF-104を整備していたベテランが配置換えされてきた。

最初のF-15飛行隊に改編されたのは第202飛行隊で、F-104の機数が減少していくなか、通常任務と訓練、アラート任務も続けながら、F-15への機種転換訓練が進んだ。

第202飛行隊

第202飛行隊は東京オリンピックが開催された1964年に、空自二番目のF-104飛行隊として誕生した。なお、一番目はこの前年に新編された第201飛行隊（千歳基地）で、当初のF-104への機種転換教育を担任した（この任務は1964年12月に第202飛行隊に移された）。

Ｆ‐１０４装備の飛行隊には２００番台のナンバーが付与され、第２０１～２０７の計７個飛行隊が編成された。現在もこのナンバーを継承しているのは第２０１、第２０３、第２０４飛行隊である。

第２０２飛行隊は１９７２年の沖縄返還まで本土最南に位置する戦闘機部隊であり、Ｆ‐１０４時代は歴代12人の飛行隊長によって率いられ、対領空侵犯任務にあたるとともに、１９７０～８０年代には航空総隊戦技競技会でたびたび優勝するなど、輝かしい実績と伝統を有する部隊であった。

１９８２年12月、Ｆ‐15臨時飛行隊はＦ‐１０４から機種改編し、最初のＦ‐15飛行隊として生まれ変わった第２０２飛行隊に移行した。

Ｆ‐15に機種改編された当時の第２０２飛行隊について、森垣氏とともに米国留学し、最初のＦ‐15パイロットの一人を務めた井上博昭（当時１等空尉、32歳）氏に聞いた。

「Ｆ‐15に改編された第２０２飛行隊は、飛行隊長の武田清２等空佐が掲げた『世界一強い飛行隊を作ろう』との方針の下に意気込みが満ち溢れていました。皆が一致団結して、Ｆ‐15飛行隊の建設を推進しました。当時の隊員たちの働きなくして、空自初のＦ‐15部隊の戦力化はできなかったと思います」

第２０２飛行隊の隊員たちの苦労も大きかった。とりわけ、技術面ではＦ‐15の構造、各種システムはＦ‐１０４に比べて格段に進歩しており、その取り扱いや整備は高度化し複雑になっていた。

F-15臨時飛行隊当時のF-15は尾翼のマークも機種の機番も記入されていない。マークが入ったのは臨時飛行隊が第202飛行隊に移行してから。

「技術教育では機器の取り扱いの知識を習得するのに苦労しました」

一方、飛行教育では、地上のシミュレーター訓練によって、実機同様の操縦と飛行特性を模擬できた。

「F-104やF-4に比べて、離着陸、空中での操作を容易に修得できました。しかし、そのシミュレーターには現在のような飛行中の状況を映像で模擬できるビジュアル装置がなかったので、本格的な機動や戦技は実機で飛ばないと訓練はできませんでした」

第202飛行隊はF-15への機種転換教育と飛行隊としての練成訓練をしながら、F-15での対領空侵犯任務ができるように訓練を積み重ねた。そして、1984年7月からアラート任務を開始した。実任務を実施するようになると、その要員を確保しながら、機種転換教育と練成訓練を兼務しなければならなくなった。

「アラート任務の実施は教官パイロットをいかにして効率的に充てるかに苦心しました。今だから明かせますが、警戒待機明けのパイロットを地上勤務にあたらせ、24時間以上の超過勤務をさせることもありました。天候不良で飛行訓練が中止になれば、代休を取得させて疲労軽減を図ったのですが、いま思い出すと、かなり無理を強いることになったと、大いに反省しています」

ここからは最初のF‐15要員として米国留学した一人で、当時第202飛行隊で教官を務めた重永雅（当時1等空尉、34歳）氏が語ってくれた。

重永氏は1947年、兵庫県西宮市生まれ。幼少期、伊丹から飛び立つ米軍のC‐119輸送機を見た記憶がある。子供の頃からラジコン模型飛行機を飛ばして遊ぶなど飛行機が大好きだった。やがて、その思いは戦闘機への憧れにつながっていった。

1967年、航空学生（23期）として入隊、第4飛行隊でF‐86、第206飛行隊でF‐104、第202飛行隊でF‐104とF‐15と単座戦闘機一筋のパイロット人生を歩んだ。第202飛行隊では森垣氏の二代あとの飛行隊長を務めた。飛行時間は5500時間。

新編されたばかりの第202飛行隊の部隊建設で何が大切だったのだろうか。

「いちばん肝心なのは、指導者、つまりIP（教官パイロット）を育成することです。部隊建設は人づくりだからIPをしっかりと育てないと強い飛行隊はできません」

重永氏が言うように、教育する人間を育てることから部隊建設が始まる。では、その教官適任者はどのように見つけるのだろうか。

「飛ばなくてもわかるんですよ。飛行機に乗ってエンジン回して、無線で離陸前の交信をしながら、地上滑走して滑走路に進入したら、もう、だいたいどの程度のレベルかわかるし、IPが務まるかどうかの見分けもつく。ファイターパイロットは自身が操縦者として十分な仕事ができて、人にも教えられる。でも、技量が高いから教官としても優れているかというと、必ずしもそうではない。下手でも教えるのがうまい人もいるんだよね」

北の守りの最前線

第202飛行隊の教官として任務について2年を迎えようとしていた1983年3月、森垣に新たな命令が下った。

「第203飛行隊（千歳）のF-104からF-15への機種転換の教官」の発令だ。森垣は部下の天坂1尉とともに家族帯同のもとフェリーを乗り継ぎ、千歳基地に向かった。

第203飛行隊は1964年6月、千歳基地の第2航空団隷下に新編された。冷戦時代まっ最中の当時、北方の守りが最重視されていたことから空白では、最初のF-104飛行隊である第201飛行隊（1963年3月新編）に続いて、1年あまりで同じ第2航空団に三番目のF-104飛行隊を

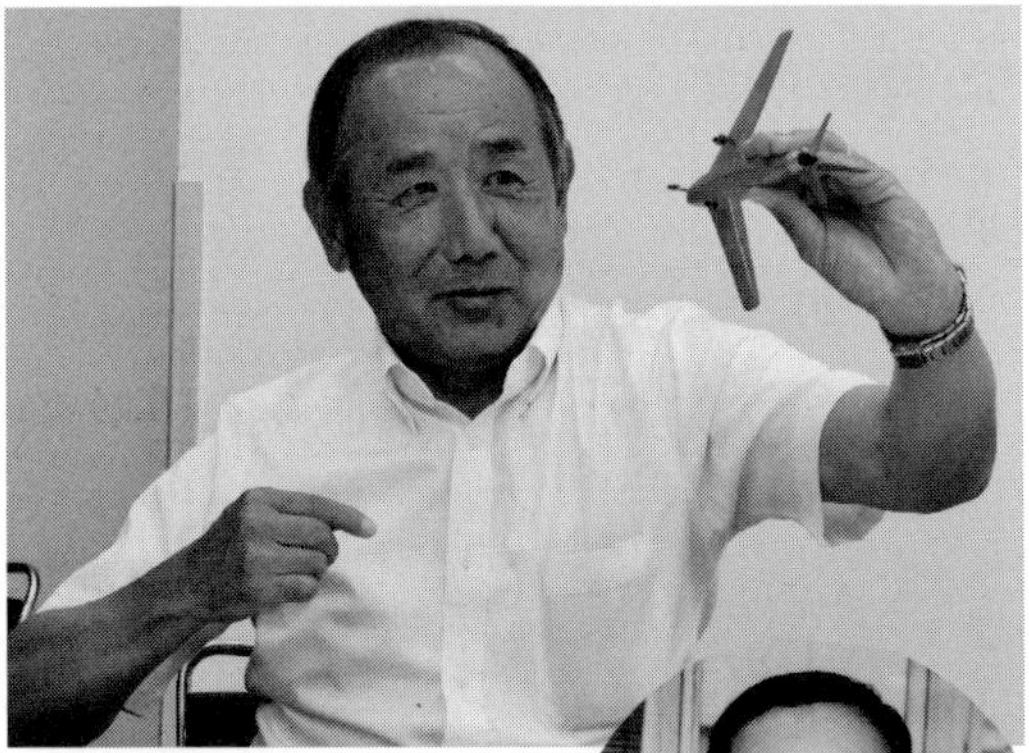

金丸直史氏。F-104パイロット時代に実施したF-15との異機種戦闘訓練でF-15の驚異的な機動を実感したという。写真下は教導隊時代。（金丸直史氏提供）

設けたのである。

たった二人で千歳に乗り込んだ森垣、天坂のＦ-15飛行班と、当時の第２０３飛行隊の様子については、同隊で最後までＦ-１０４に乗っていた金丸直史《なおふみ》（当時１等空尉、30歳）氏へのインタビューなどを交えて紹介していこう。

金丸氏は宮崎市生まれ。高校２年の時に宮崎大宮高校から鹿児島中央高校に編入、同校は鹿児島の進学校で、国立大学入試の模擬テストとして受験した防衛大学校に担任の勧めもありそのまま入学（19期）した。

「どうせ、防大に行くのならば、誰もがなれないパイロットを目指そう」と決意、そしてＦ-１０４パイロットとして第２０３飛行隊、Ｆ-15パイロットとして第２０４飛行隊などで勤務、また後述する飛行教導隊（当時）で教導隊（飛行隊に相当）の第10代隊長も務めた。飛行時間４１６３時間。退官後は宮崎県内の銀行で自衛隊担当の顧問として勤務した（２０１９年12月末に退職）。

金丸氏が第203飛行隊に在籍していた当時の千歳基地は、極東ソ連軍と対峙する最前線の航空基地だった。

ツポレフTu-95爆撃機。４発のターボプロップエンジンと二重反転プロペラ、後退翼も相まって世界最速プロペラ機の記録を持つ。（航空自衛隊）

「ダイレクトスクランブル（領空侵犯の恐れがある国籍不明機に対して緊急発進、目視確認できる距離まで接近して警告する）が多くて緊張していました。最初のスクランブルは今でも覚えています」

1980年6月のある夜、アラートハンガーで待機中の金丸らにスクランブルが発令された。F‐104で離陸、星空の中に発見した対象機はソ連空軍のツポレフTu‐95。

「エレメントリーダーが『タリホー（対象機を目視確認の意味）』とGCIO（地上の防空指令所のレーダーで監視している要撃管制官）に無線で伝えたとたん、Tu‐95がナビライトを消灯したのには驚きました」

ソ連機も遊びで来ているわけではない。空自の交信はすべて傍受している。冷戦の最前線が北海道周辺の大空に確かにあった

F-15対F-104

第203飛行隊はどんな雰囲気の部隊だったのだろう。金丸氏は次のように述懐する。

「仕事に対する姿勢が厳格でした。とくに整備員が細かいことに対しても本当に厳しかったです。ただフライトでは、われわれパイロットが最後に外部点検して発進するのだから、最後は自分に厳しくなければならない飛行隊でした」

そんな飛行隊でF-15への機種転換はどのように進められていったのか。

「F-15が1機、また1機と入ってきて、F-104のパイロットをF-15に転換する教育から始まりました。F-104の勢力は少しずつ小さくなっていくわけですよ」

今までの主役が少しずつ隅に押しやられていく感じだったのだろう。

「F-15への機種転換者が増えるにつれ、だんだん肩身が狭くなっていくんです。でも、この頃の半年間は楽しかった。当時の飛行班長の酒井一秀《かずひで》3等空佐（当時）が素晴らしい方でした。F-104でできる空中戦訓練は全部やらせてもらいました。いちばんエキサイティングだったのは、3機による三つ巴の訓練です」

A、B、Cの3機それぞれが敵。仮にAがBを攻撃しようとすると、CはBを助ける。するとAはCに追われるかたちで逃げることになる。そこで今度は寸前までCの味方だったBがAの味方に寝返る。そしてBはCの攻撃に移るという空中戦だ。

「助けたら、助かった奴が、今度は追っかけている奴を助けなければならない。これを最後の1機になるまでやっていました」

やがて、F‐15の運用が拡大し、F‐104による警戒待機、緊急発進任務もなくなった。長年乗り慣れ親しんだF‐104がなくなっていくというのは、どんな気持ちだったのだろうか。

「それは寂しいですよね」

でも、このような時期だったから実現したこともあった。それは異機種戦闘訓練である。F‐15対F‐104の空中戦訓練を行なっている。

「F‐104のパイロットとしては、絶対にF‐15を撃墜するとの意気込みと信念で臨みましたよ」

金丸はF‐104に乗り、F‐15を本気で落とそうと飛び立った。

「われわれはどうしたかというと、F‐104のレーダーをオフにして、思い切り突っ込んでいくんですよ。F‐15のパイロットたちは、こちらを見つけられないんです」

F‐15のレーダーは高性能だ。だからF‐15に乗った者は、そのレーダーに頼る。F‐104のレーダーをオフにすれば、F‐15ではそのレーダー波をキャッチした警報が鳴らない。そしてF‐104の大きさはF‐15に比べてかなり小さく、真正面から見た機影はきわめて小さい。

「本気で落とそうとすれば、レーダーを作動させる必要はなく、F‐15のエンジンの熱源にヒートミサイルをロックオンすれば撃墜したことになります。しかし、それでは訓練にならないので、われわれF－104はレーダーをオンにするんです」

F－104が後ろにいることをF－15のパイロットに教えてやるのだ。F－15の警戒装置が後方からのレーダー波を探知して「ロックオンされた」とパイロットに知らせる。

「そこから格闘戦が始まるんですが、F－15はF－104のパイロットには想像もできない機動をします。ものすごく怖いです。驚異的な機動を見せたF－15が自分から遠ざかっているのか、正面から向かって来ているのか、わからないのです」

空中では戦闘機を真正面、あるいは真後ろから見ると、そのシルエットは同じように見えて、一瞬で判断するのは難しい。これを誤ると両機は正面衝突の軌道に乗ってしまう。

「見えてはいるんですよ。でも、点のようなF－15の機影が迫って来る。そして、それが一気にガーッと大きくなる。これを初めて経験した時の恐怖は凄いですよ。だからわれわれF－104はワーッと一目散に離脱します」

この当時、初めて接したF－15にどんな印象を持ったのだろうか。

「F－104に比べたら、とにかくF－15は素晴らしい戦闘機だということです。飛行性能、搭載兵器、どれもF－104とは雲泥の差です」

新旧交代

第２０３飛行隊のＦ‐15への機種転換当時の様子について、森垣氏と金丸氏に語ってもらった。

――当時の第２０３飛行隊はどんな雰囲気だったのですか。

森垣「最初に第２０３飛行隊へ二人で行って、Ｆ‐15飛行班を作った時は、なんか疎外感あったね」

金丸「Ｆ‐１０４の第２０３飛行隊は家族的な雰囲気だったんですよ。そこにＦ‐15で新しく飛行隊を作ろうと、異質なものが入ってきたのだから、どうしても溝ができますよ」

森垣「だから、私らには味方がいない。突然やって来た〝よそ者〟なんですよ」

金丸「まー、そんなもんです」

森垣「最初は居づらかった。だけど、最新鋭のＦ‐15を搬入し、地元のメディアも大きく取り上げた。さらに米国留学したＦ‐15の操縦者が一人、二人と入ってきます」

金丸「そこにＦ‐１０４から転換したパイロットも加わって、Ｆ‐15のメンバーが増えていきます」

――そうして、Ｆ‐15の飛行班はどんどん大きくなっていき、Ｆ‐１０４の飛行班はだんだん縮小していく。

金丸「はい。味方が減っていく感じです」

――勤務以外、酒席も大事な味方を増やすよい機会だったのでは？

森垣「私がいちばん年長だったから、皆とは結構、いっしょに飲んだよな？」

第203飛行隊のF-104J。マルヨンのパイロットにとってF-15の操縦は難しくない。しかしウェポン・タクティクスに慣れるのは難しかったという。

金丸「よく呼ばれました。千歳ではずいぶん飲みましたね」

――F-15への機種転換で何がたいへんでしたか？

金丸「最初に苦労したのは着陸でした。F-104では、ただ外を見て、ほかは速度などを確認しながら降りていました。ところがF-15になったら、HUD（ヘッドアップディスプレイ）の表示で2・5度の角度で降下しいく。その角度を一生懸命保とうとすると、着陸が不安定になってしまう。なんで俺はこんなに下手なんだろうと思った……」

――自分の技術で着陸していたのが、機械に主導されるようになってしまったのですか？

金丸「そう。うまくいかないんですよ。そうしたら、後席の教官が『お前、今までマルヨン（F-104）で降りていたんだろう？　HUD？　そんなの無視しろ！』と言うんです。それで、そのとおりにしたらうまく降りられる」
森垣「慣れです。慣れるのに早い遅いはある。あんなロケットみたいなF-104戦闘機に乗れるパイロットなら、F-15に乗れないわけがない」
金丸「F-4から転換した者はレーダーミッションに慣れるのは早かった。F-4とF-15はレーダーミサイル、ヒートミサイルとウェポンがいっしょで、タクティクスはほとんど同じだから」
森垣「F-104の兵装はヒートミサイルにガンだけだからね。F-104から転換するとF-15はとっつきにくい。そこで、まずF-15に慣れてからウェポンに慣れてもらった」

戦闘能力点検

――機種転換後、F-15で実任務につくための資格取得はどのように行なわれていたのですか？
森垣「戦闘能力点検という北部航空方面隊が実施する審査があります。筆記試験からやるんですよ」
――審査はどんな課目があるのですか？
金丸「筆記試験から始まって、空対空射撃、ACM（エア・コンバット・マニューバー＝空中戦闘機動）、対領空侵犯措置などの全戦技」
森垣「それから駆け足もやったな」
金丸「筆記試験では、たとえば北海道、東北地方にある山の高さを覚える。これは自分の行動する場所だからです」
――その山にぶつかってはいけないからですか？
森垣「そう、すべて覚える」
――実際の行動要領を判定する能力点検では、どこかの飛行隊が仮設敵役をやるのですか？
金丸「審査される部隊がちゃんと対領空侵犯措置を実施できるかどうか判定する。そのために飛行教導隊がソ連機を模擬した仮設敵になったり、または別の飛行隊が仮設敵になって南から上がってくる時もある」
森垣「その国籍不明機役の仮設敵に実際同様、スクランブルをかけ、迎撃や強制着陸させる誘導などいろいろやる。それを点検官が評点する」
――終わると、修了式などがあるのですか？
森垣「講評があります。航空方面隊司令官が成績を発表する」
金丸「優秀、良好、可、不可と評価される」
森垣「あの時は良好だったかな。合格してアラートミッションが始まった」
――F-15になって、実任務でいちばん変わったのは何でしたか？
金丸「F-104は性能がよくなかった。たとえば、あの周辺の海上には海霧がよく発生するんですよ。その上にソ連機がいます。われわれがF-104で緊急発進、目標機を視認して『タリホー』と無線で言うと、ソ連機はそれを聞いていて、海霧の中に入っていくんですよ。すると、こちらは海霧の下まで行かないと相手が見えない。高度500フィート（約150メートル）まで降下してレーダーで一生懸命探す。でも、海からのグランドクラッター（反射波のノイズ）で見つけるのがたいへん。だから、ウイングマン（僚機）には上空から相手機をロックオンさせておく。それでも離されることがありました。F‐15ならば『俺はずっと上から見張っているぞ』と、相手機を楽に追尾していけます」

森垣「F‐15はレーダーのルックダウン（下方監視）能力が高いので、F‐104とは比較にならないほど楽になった。函館のミグ25事件の時は、追跡したF‐4のレーダーはルックダウン能力が低く、途中で見失った。そして函館空港へ強行着陸を許してしまった。もう一つ、大きな違いは、F‐15の滞空時間ですよ。スリー・タンクだったら、長時間飛んでいられる。だから、トイレがたいへん」

金丸「私もF‐15になってから、夜間緊急発進して3時間近く飛んだことがありましたよ。百里から上がって小松の沖まで行って、対象機が南下するのをずーっと監視して、また百里に戻る。結局その夜は2回目も上がって、朝4時近くまで合計6時間ほど飛んでました」

——パイロットには航空手当がありますが、ほかに長時間飛行手当とかもらえるんですか？

金丸「そんなのはありません」

――Ｆ‐15の高性能ぶりの一端がよくわかりました。

飛行教導隊、謎の連敗続き

第２０３飛行隊がＦ‐15への機種転換、続いて戦闘能力点検を完了し、正式にＦ‐15の実動部隊となったのは１９８４年11月。森垣は第２０３飛行隊で引き続き飛行班長として勤務していたが、同隊でＦ‐15の運用が軌道に乗れば、再び新田原の第２０２飛行隊に戻ると思っていたところ意外な打診があった。

それは、同年に築城から新田原に移動して間もない飛行教導隊（当時）の隊長からであった。

「森垣、お前、ちょっと教導隊に来てほしいんだ」

この要請にはある事情があった。空中戦の仮設敵を務め、また戦法、戦技の訓練指導を任務とする飛行教導隊では、ちょうどこの頃からある異変が起きていた。それまで、空中戦においてＦ‐１０４、Ｆ‐４相手にＴ‐２超音速高等練習機を使って常勝だった飛行教導隊がＦ‐15に手こずっていた。

そこで当時、Ｆ‐15に最も精通する一人だった森垣に白羽の矢が立ったのだ。付与された新たな任務は飛行教導隊のＴ‐２でＦ‐15をどのように指導するかであった。

「じつは教導隊の実情はよく知らなかったんですよ」

１９８５年３月、森垣が飛行教導隊に着任してみると、自分が呼ばれた理由がわかってきた。

飛行教導隊が巡回教導に出向いた先のF‐15飛行隊と空中戦訓練を行なう。T‐2教導隊のパイロットたちは、もちろんベテランばかり。F‐15はT‐2の真正面から接近してくる。そして次の瞬間、地上から「アグレッサーT‐2、ヒートミサイルでスプラッシュ（撃墜）！」とコールが入る。教導隊のベテランたちは、何が何だか理解ができなかった。ヒート（赤外線追尾）ミサイルは、エンジンの排気熱を感知、ロックオンして発射される。だから、F‐15と真正面で会敵して、前方からヒートミサイルで撃たれるわけがわからなかった。当時、F‐15が搭載するヒートミサイルはAIM‐9Lサイドワインダーになっていた。

「それまでのヒートミサイルは相手機の後ろに回り込み、エンジン噴射口をヒートソース（熱源）として捉えて撃っていました。しかし、AIM‐9Lからはアフターバーナーをヒートソースとして、前方象限からも捉えて発射、撃墜可能になったんですよ。それだけウェポンの能力が高くなっているのを、教導隊はまだ知らなかった。だから、私が『F‐15のこのウェポンは、このように撃てます』とVTR映像で実際に示しました。F‐15のパイロットで教導隊に行ったのは私が最初でしたから」

森垣のレクチャーを受けた教導隊のベテランたちは『ほぉー、そうだったのかー！』となった。

〝最強の戦闘機乗り集団〟は新鋭機F‐15の能力、戦法が理解できていなかったようだ。

「マニュアルなどからの情報はあるけど、やっぱりF‐15を使いこなした者がいないと。文字だけではわかりませんよ。実際は全然違いますから」

T‐2教導隊の強さ

飛行教導隊に着任したばかりの時、森垣は戸惑ったという。

「使用しているのはT‐2。これで何ができるの?って思いました。T‐2は練習機で機動力は低いしパワーもない。6G程度の機動も持続できない。F‐104とファントムの中間みたいな飛行機ですからね」

ところが、今や対戦する相手はF‐15になっている。

「戦闘機操縦課程を修了したばかりの若いパイロットが乗るF‐15と1対1で空中戦やったら、相手がよほど下手くそか、Gに負けてF‐15を思いどおり動かせなくなっている場合以外は、性能差でT‐2では絶対に勝てない。T‐2対F‐4でも性能差で1対1だと負ける。2対2で引き分け。4対4、8対8なら、T‐2教導隊がたいてい勝利します」

それは数が多ければ、練習機でも戦闘機に対抗できるということなのか。

「教導隊のパイロットの腕ですよ。だから、性能が劣っている飛行機で高性能機を落とせる。4機のT‐2で2機のF‐15が相手なら、訓練の仕方もあるけれど、頭使って戦術とチームプレーでF‐15に対等以上に戦えます。2機のF‐15対6機のT‐2だと、かなりの確率でF‐15を落としていま

ソ連機風の機番表記とトリム迷彩と呼ばれる仮想敵機のアウトラインを施したT-2アグレッサー。（瀬尾央）

したね」

サッカーのようなチームプレーが強さの秘訣なのだろうか。

「サッカーとはちがいますね。サッカーでは誰かが囮になって敵を引きつけたところでスルーパスを出してゴールを決める場合もある。教導隊は1機を犠牲にして、それでほかのもんが行けというやり方はしない」

空中戦は真剣勝負だ。味方に損害を出すことなく敵は全機撃墜が基本だ。

「それがいちばん。空自はこちらから攻めていくことはないですから、ディフェンスに徹する。だから、攻めてきた敵機が海に爆弾を落として帰れば、それも一つの戦果。日本の国土に被害を出さずに敵機を追い払ったら、任務としてＯＫです」

飛行教導隊の改革

森垣氏が飛行教導隊に移ったのと同時期に同隊の隊司令に増田直之1等空佐が着任する。ここから飛行教導隊の運用や訓練の方式が変わっていったと森垣氏は言う。

「増田さんが来て『意識改革して、やり方を変えようぜ』となったんです」

原点に帰って、本当のアグレッサーを模索することになったのである。それまでやっていた1対1、2対2の空中戦訓練は効果がない。実際の戦場の状況を作ろうということになったのだという。

また、従来は黒色で記されていた機首と垂直尾翼の機体ナンバーも当時のソ連空軍機を模して赤色に変更した。

飛行教導隊は年間百日ほど全国の戦闘機部隊が所在する基地に出向いて訓練指導を行なっている。いわば〝出稽古〟で、非公式にはこれを「巡回教導」と呼んでいる。

筆者が初めて飛行教導隊を見たのは、1980年代後半に週刊誌の取材で千歳基地の第201飛行隊を訪れた時だった。飛行隊のブリーフィングルームにほかのパイロットたちとは雰囲気がちがう、こう言っては失礼だが、目付きが悪く怖そうなパイロットの一団がいるのを目にした。

「ああ、アグレッサーの人たちですよ。訓練指導に来ているんです」

第201飛行隊の誰かが教えてくれた。それ以来、アグレッサー、イコール強面のイメージが筆者の記憶に刻み込まれた。巡回教導はどのように行なっていたのか。

「教導訓練は1週間くらいの日程で行ないます。まずは総合ブリーフィングから始めます。それから情報係が情報ブリーフィングをして交戦規定などを周知させる。そして訓練開始」

実際の訓練はどのようなものだったのか。

「空中ではアグレッサーはまさに敵。『お前たち、敵機が来たつもりで本当の実戦と思ってかかってこい。失敗したら死ぬんだぞ』とね。そうじゃないと、われわれが行く意味がないんで。そこでいかに教え導くかが仕事。だから、2対2の基本的な課目など全然しない。ミサイルが多数飛んでくる本当の戦いを再現する。また敵の戦闘機に関してブリーフィングしながら、ミッションをやっていく」

こうして指導を受ける飛行隊の経験の浅いパイロットは、たちどころにT‐2アグレッサーに翻弄され追い詰められて撃墜される。レーダーに頼るF‐15を目で見つけて、レーダーの死角から忍び寄って撃墜する。

「レーダーは全周を警戒できるわけじゃない。警戒範囲は前方。それを外れたらレーダーには映らない。後ろには警戒装置あるけど、横と下面はない。だから全周を目で見ればいい」

「高度2～3万フィートの空中では、そりゃ、地上よりはるかに遠くまで見えますよ。F‐15などを見つけるのは、だいたい30マイル（約55キロメートル）ですね」

この視力のよさがT‐2アグレッサーの強さの秘訣だった。

「私たちが訓練指導に反映させたミグ・タクティクス（ミグ戦闘機の戦い方）などの情報を飛行教導隊にもたらしたのは、フィリピンのクラーク基地にいたF‐5戦闘機を使っていた米空軍のアグレッサー部隊からでした。そのテクニックを各飛行隊に巡回教導に行った時にデモンストレーションした。当時はF‐4飛行隊が主力だったから訓練効果もあった。教導隊が4機で相手が2機。こちらの1機に引きつけておいて、その隙を狙うなど相手を騙す戦術を使うと、よくF‐4はひっかかった。教導隊が出向くのは、敵を演じて『お前たち、本気でかかってこい。失敗したら死ぬんだぞ』と伝えるのが目的です。そうじゃないと、教導隊が行く意味がない。そこでいかに空中戦の実相を伝授するかが、教導隊の仕事」

こうした訓練指導の結果、戦闘機部隊の戦闘能力をもっと底上げする必要が明らかになった。そこで飛行教導隊は、この対策として飛行隊のパイロットに対する訓練に三つのカテゴリーを作った。

それは、①パイロットを新田原基地に派遣し、飛行教導隊のT‐2に同乗させてアグレッサーの空中戦の実際を見せる。②飛行隊から2機程度の戦闘機を新田原基地に派遣し、飛行教導隊といっしょに飛んでアグレッサーによる空中戦を教示する。③飛行隊で空中戦指導にあたっているパイロットを飛行教導隊で長期研修させる、というものだった。

Ｔ‐２からＦ‐15ＤＪへ

1980年代後半、飛行教導隊のＴ‐２は訓練中、空中分解と思われる重大事故で２機が墜落している。

「アグレッサーのパイロットがめちゃくちゃに飛んでるっていうわけではないんですよ。機体の絶対制限7・33Ｇ以内でしか飛んでいません」

そもそもＴ‐２は国産初の超音速高等練習機として設計された。アグレッサーの使用機として選ばれたのは、当時の東側諸国空軍で多用されていたソ連のミグ21と飛行特性が似ているだろうなどの理由からだった。

「エンジンのパワーもなく、翼面荷重が大きいからＧもかからないんですよ」

空中戦訓練ではまっすぐ飛ぶことはほとんどない。急上昇、急降下、急旋回の繰り返しだ。しかも操縦しているのは飛行教導隊のベテランばかり。森垣氏は当時の様子を次のように振り返る。

「一度目に落ちた時は私の在籍中でした。二度目は部隊を離れたあとです。当時、Ｔ‐２を製造した三菱重工の技術者を呼んで何回も話し合った。でも、彼らは『飛行中、翼がとれることはない』と言うだけだった」

しかし、現実に二度の事故が起こった……。

「練習機を戦闘機なみのミッションに運用するのは、やはり無理がある。アグレッサーとしては不適当だということになったんじゃないですか」

1990年12月、飛行教導隊の使用機はF-15DJに変わった。この当時の飛行教導隊について、森垣氏、井上氏、金丸氏に語ってもらった。

――飛行教導隊に在籍していたのは？

森垣「私はT-2時代の1985年から88年の3年間在籍していました。当時、アグレッサーは3年間が任期だったようです。飛行教導隊がF-15DJへ機種更新する時のタックエバ（部隊が教導任務につける実力があるかどうか戦闘能力点検）は、私が第202飛行隊の隊長の時、対抗部隊を命じられ、フライトミッションを行ないました」

金丸「私は1995年8月から98年3月です。第10代の教導隊長でした」

井上「1992年4月から96年8月です。私はF-15DJに変わって2年目からでした。T-2からF-15DJに変わって教え方も変わってきました」

――どのあたりが変わったのですか？

金丸「森垣さんがいた頃のT-2教導隊の教え方は、いわば徒弟制度と同じでした。ここがよかった、ここが悪かったと教えてくれるもののその修正要領は自分たちで考えなさいというものでした。それがF-15になって変わりました。F-15にはVTR（ビデオ）が搭載されており、機動解析がしっかりできるようになったことに加え、メンバーには米国留学でF‐15を学んだ者もいてアメリカの理論的な指導方法を採り入れるようになったのです」

——どのような教え方になったのですか？

金丸「教導隊側は、ブリーフィングに先立ち、機動解析を行ない、訓練対象者がどの場面で判断や機動がよくなったかを話し合います。その中で今日の訓練で学んでほしいことをまとめ上げます。着陸から約1時間後にブリーフィング開始です。訓練対象者が描いた機動解析図をもとに自己分析してもらいます。その後、お互いに確認しながら機動図の修正をします。『今日のよいところはここだったよ』とまず褒めるところからブリーフィングが始まります。学んでほしい場面では、なぜ間違った判断、機動をしたのか彼らが納得するまで論理的に説明します」

——日本特有の師の技を見て盗むやり方から指導し育てるやり方になったのですね。

井上「F‐15DJになってからだんだん紳士的になった。T‐2時代のような強面の雰囲気ではなくなっていきました」

——F‐15DJになっても、金丸隊長の教導隊の怖い雰囲気はそのままだったと、かつて訓練指導を受けたイーグルドライバーたちから聞いたのですが……。

井上「私が教導隊で飛行班長をしていた時は紳士的だったけど、部下のパイロットたちは、やっぱりそう思わせる雰囲気のある強烈な個性の持ち主が多かったですね」

当時２佐の金丸直史氏。航空祭で来場者に教導隊グッズを販売中のひとコマ。（金丸直史氏提供）

当時の教導隊はどんな雰囲気だったのだろう。

「ふだんは和気藹々。先輩後輩関係なく自由闊達に意見を交わしていた。ただし訓練でミスは許されない、真剣そのものでした」

――金丸さんの隊長時代の写真を拝見すると、サングラスに口元には髭。失礼ながら一見すると、どこかの怖い組織のボスといった感じですね。この髭を蓄えられたのは何か意図があったのですか？

金丸「いや、私も髪が薄くなってきていましたから、娘から言われました。『お父さん、髭でも生やしたら』それからです」

――井上さんは飛行班長時代、訓練では相手を怖がらせていたのですか？

井上「何もしていませんよ。少ない頭髪を隠すのが精いっぱいで……。実際、飛行隊の若いパイロットは自信満々で教導隊との訓練に臨むんです。でも、稽古をつけるこちらは格がちがうから、訓練で圧倒的な腕の差を見せつけられて高々だった鼻がへし折られます。そして、もう一回空中戦の基礎から学び直すわけですよ」

F‐15で変わった訓練方式

――訓練の方法も変わったのですか？

金丸「ＤＪになってから変わった一つは、訓練のカテゴリー1・2・3が復活したことです」

森垣「教導隊機の後席に乗ると、少しちがう視点で空中戦を見られるようになる」

――Ｔ‐２教導隊は、性能に大きな差があるＦ‐15をパイロットの腕とチームプレーで叩き落としていましたが、同じＦ‐15どうしの訓練になってどう変わったのですか？

井上「Ｆ‐15は敵の全周から攻撃ができるという。だから、かなり遠距離からの戦闘を模擬するわけですよ。それがＴ‐２より高性能なＦ‐15になって、ロシアのスホーイ級の戦法を模擬できるようになったのです」

金丸「空中戦訓練のパターンが多様化した。一例では戦爆連合対４機というのができました。これは爆撃機を掩護している４機の戦闘機をわれわれが模擬して、それを相手側の飛行隊４機で迎え撃つ。戦爆連合をどうやって落とすのか、という訓練です」

――その場合、どうすれば勝ち負けがつくのですか？

金丸「われわれが演じる爆撃機の掩護機４機を落としただけでは意味がない。地上に甚大な被害を与える爆撃機を撃墜し、迎撃機は被害を出さずに帰還することが迎撃部隊の最も重要な任務です。これを迎撃する4機がどのように連携して実行するかということです。このようにいろいろな情報をもとに実戦で起こり得るであろう状況を模擬するようになっていきました」

第202飛行隊の伝統

1988年8月、森垣は飛行教導隊を離れ、約5年ぶりに古巣の第202飛行隊に戻り、飛行隊長に着任した。第202飛行隊の36年にわたる歴史の中で、森垣は異彩を放つ飛行隊長の一人としてエピソードには事欠かない。そこで、当時、森垣の部下だった有馬龍也《ありまたつや》元空将補（59歳）へのインタビューなどを交えて話を進めていきたい。

有馬龍也氏。第202飛行隊時代からF-15一筋。第５航空団副司令、第４航空団司令などを歴任。元空将補。

有馬氏は1961年宮崎県生まれ。早く自立して両親に楽をさせたいと防衛大学校（28期）に進んだ。戦闘機パイロットを志したのは、防大1学年時、陸海空の要員選考で自衛官の道を歩むなら、当時、世界最強のF－15戦闘機に乗りたいと考えたからだった。1984年入隊。幹部候補生（74期）から飛行教育課程に進み、第202飛行隊を振り出しにF－15戦闘機パイロット一筋で第201飛行隊長、第3航空団飛行群司令、第5航空団副司令、第4航空団司令、航空安全管理隊司令などを歴任した。飛行時間は2920時間。

第202飛行隊には1987年から3年間在籍、森垣隊長を最も近くから見たパイロットの一人である。

「森垣隊長は最も尊敬するパイロットです。当時、飛行隊では朝礼後に中距離走があるんですよ。私は20代後半でしたが、隊長には1回も勝てませんでした。航空学生出身の若手でも勝てない者がいましたから、本当に隊長の駆け足は凄かったです。それから潜水も得意で、運動は万能でした」

この体力練成はF－15飛行隊になってからの伝統で、森垣はこれをさらに強化した。

「陸自じゃない空自で朝から3キロ走です。前半はゆっくり走って後半はダッシュ、全力疾走の競走ですよ。当時、森垣さんは40代半ばです。それがめちゃくちゃ足が速い。ゴールすると遅れてやってくるパイロットたちに『俺より遅いとは何事だ？　何やってんだ？　隊長に負けていいのか？』となるんです。それで遅くても全力で頑張って走る、努力する。そんな姿を森垣隊長は見ていました」

森垣氏は次のように語る。

「飛ぶだけではなく心技体、若い者に負けないぞという考えでした。当時、私は四五、六歳で、若いお前たちならできるだろうという気持ちですよ。たかが3キロ。戦闘機パイロットだったら、これくらいやって当然だと思います」

この後、ブリーフィングに続いてフライトの前にもう一つ日課があった。

「私が隊長の時は朝のブリーフィングが終わったら、首の筋肉のウォーミングアップをしていた。だいたい7~8秒ずつ前後左右、自分の手で頭にグーッと力をかける。80パーセントの力でやるんですよ。京大の教授から『80パーセントの力で押すだけで筋肉は育つ』と言われましてね」

その結果、第202飛行隊のパイロットたちは全員首回りと両肩に筋肉がついたという。また、森垣隊長の得意は海での素潜りで、体力練成と実益を兼ねた魚獲りはもはやプロの漁師にも劣らないとパイロットたちの評である。

「水中銃を手に潜ると、3分近く水中から出てきません。陸に上がる時には腰の網かごに獲物の魚が入っています。主に石鯛、石垣鯛、スズキです」

地上にいる時でもこの圧倒的なハイパフォーマンスを発揮する森垣隊長に第202飛行隊は率いられていた。

2番機の人選

有馬氏は1989年の航空総隊戦技競技会（戦競）では森垣隊長機の2番機を務めた。

第201飛行隊のF-15部隊創設15周年記念行事のひとコマ。歴代の飛行隊長が自身の名前を指差している。右から元統合幕僚長の岩崎茂空将、有馬元空将補、元航空総隊司令官の前原弘昭空将。（有馬龍也氏提供）

「競技会で勝つためだけの人選なら、当時の第202飛行隊には航空学生出身の若手は優秀な者ばかりだったので、隊長が下手な私を選んだのはとても意外だった記憶があります」

有馬氏は謙遜するが、森垣氏は適材適所の人選だったと振り返る。

「若手でも、とくにシャープだったからね」

そこで有馬は2番機としての務めを果たすことを模索した。

「私は防大の文系出身（筆者注：防大は1974年入学の22期から理系のほかに文系が設けられた。有馬氏は操縦学生から直接F-15のパイロットになった文系第1号である）なので、理系出身者のような知識がなかったから、とにかくマニュアルだけは勉強しました。当時、隊長とともに戦競に出場した時はマニュアルをもと

戦技競技会参加機に描かれた、当時２佐の有馬氏のタックネーム“TOUCH”とCOOL MINDの文字。同じ機体のアクセスパネルには有馬２佐の似顔絵も入る。描いたのは整備員たちだ。（有馬龍也氏提供）

にいちばんいい旋回率を探しました。だから、ほかのパイロットとはちがう飛び方をしました」

森垣隊長の2番機を務めた経験がのちにたいへん役に立ったという。

「あの時は標的に対する射撃課目だったので、隊長が『ワンオフ、コンプリート（1番機離脱。射撃完了）』と言ったら競技は終わりです。だけど『コンプリート』と言わない場合は、2番機の私は百パーセント命中させないといけない。そのお陰で射撃だけは百発百中でした。次の第303飛行隊では、異動したばかりの新参者でしたが、飛行隊内の射撃競技会で優勝できました。森垣隊長に鍛えられた結果だと思います」

あの時の森垣隊長の決定について、有馬氏はのちに次のような思いに至ったという。

「私が飛行隊長になってから、あの時、なぜ森垣隊長は私を選んだのか考えました。そこでわかったんです。隊長は将来、空自の部隊にとって必要であろう、経験させたほうがいい、という観点で人選したのだと思いました」

有馬氏は、のちに自身が似たような選択をする時の指針になったという。有馬氏が第201飛行隊長時代の戦競の結果はどうだったのだろうか。

「この時は中距離戦課目だったのですが、私を除きアグレッサー部隊に全機撃墜されて、残念ながら負けました」

戦いはつねに過酷である。しかし全機被撃墜の中で唯一撃墜を免れたのは、さすが第202飛行隊出身の凄腕である。有馬氏は自身が指揮官として出場した戦競で、あらためて森垣隊長の凄さを再認識することになったという。

「私に言わせれば森垣隊長は天才です。誰も真似できないくらい凄い。とにかく隊長は空中戦の先読みが早いんです」

多忙な第202飛行隊

第202飛行隊がF-15に機種更新したのは1982年12月。それから2000年9月に部隊が廃止されるまでの18年間は空自のF-15運用の基礎が形作られた時期である。

第202飛行隊は第5航空団隷下の戦闘飛行隊でありながら、多様な任務が与えられていた。ほかの戦闘機部隊同様、主要任務である警戒待機、対領空侵犯措置任務のほか、飛行隊としての通常の訓練に加え、パイロットへの2機編隊長（EL：エレメントリーダー）、4機編隊長（FL：フライトリーダー）、多数機編隊長（ML：マスリーダー）の資格取得のための練成訓練を行なっていた。さらに全国の飛行隊からパイロットを受け入れ、F-15への機種転換教育に加え、F-15搭載の各種兵器を用いた効果的な戦法、戦技の研究指導にあたる「ファイターウェポン」も運営していた。

この時期に第202飛行隊に所属、または関係した森垣氏、重永氏、井上氏、有馬氏に当時を語ってもらった。いずれもF-15を知り尽くした最強の元イーグルドライバーたちである。

――第202飛行隊は、さながら〝何でも屋〟のような飛行隊だったのですね。

重永「米空軍では絶対にありえない。米空軍の飛行隊ならば教育部隊は教育だけ。実任務のほかにも、戦力向上訓練、機種転換教育、ファイターウェポンもやっているなんて言えば、『あまりにもマルチミッション！』と彼らは驚くでしょう。本来は一つの任務に一つの飛行隊があるべきなんですよ」

森垣「F-4が主力だった時は、第301飛行隊がやっていたのと同じ任務を最初のF-15飛行隊となった202に与えられたということです」

――そんな202は当時、どんな雰囲気だったのですか？

井上「202のパイロットはとても忙しかった。24時間のアラート勤務が終わって続けて地上勤務するのも当たり前」

――パイロットたちから不平や不満は出なかったのですか？

井上「文句は皆、言いたい放題、言っていましたよ。でも上司はそれを理解したうえで、天気が悪いと『今日は休め』とか、勤務が続いている者には『明日は代休だ』と強制的に休みをとらせるなど、ストレス解消に努めていました」

重永「私がいちばん印象に残っているのは、第202飛行隊がF‐15飛行隊として正式に編成完結する前のF‐15臨時飛行隊ですよ。隊長の武田さんを中心に14人（15人の米留学者のうち12人とF‐15機種転換課程の試行を兼ねた第1期生の2人が配属）の操縦者は、本当に一生懸命やりました。最新鋭の戦闘機のパイオニアですから『俺たちが道を切り開くんだ！』という意気込みでね」

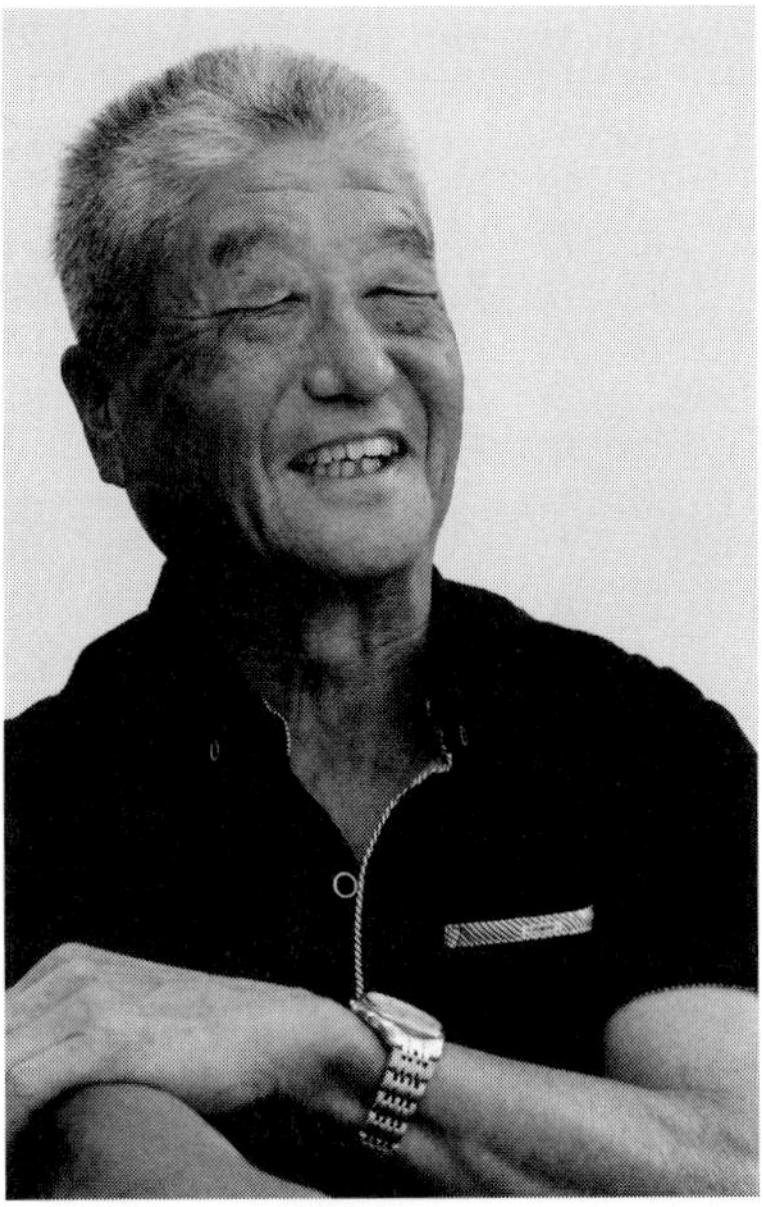

重永雅氏。昼間はフライト、夜は遅くまでマニュアルを作る日々が続いたF-15臨時飛行隊の勤務がいちばん記憶に残っているという。

重永「選ばれた14人。最初のF‐15部隊建設要員に選ばれたのだから使命感に燃えていた。昼間飛んで夜は作文ですよ」

――何の作文ですか？

森垣「F‐15の運用試験の結果報告

から教育訓練関係、運用戦技関係のマニュアルを部隊が発足する前に作製しないといけない。もちろん米国のマニュアルを参考にするんだけど、連日帰るのは遅かったですよ」

第202飛行隊の教育訓練

――有馬さんは1980年代後半の第202飛行隊をよく知る一人ですね？

有馬「凄い先輩たちばかりだという印象でしたね」

森垣「年寄りが多かったからだろう？」

有馬「いえいえ、年寄りじゃなくてベテランです。若手も凄腕ばかりで私から見れば天才肌の先輩ばかりでした。やらなければならない業務が多く、自分自身のための訓練フライトは、ほかの飛行隊に比べたら四分の一程度だった」

森垣「それに関しては、かわいそうだった」

有馬「だから、自分の訓練フライトは、しっかり実のあるものにしようと、心がけていました。それくらい忙しい飛行隊でした」

――重永さんは森垣隊長の二代あと、飛行隊長を務めましたが、第202飛行隊の体力練成の伝統はそのままだったのですか？

重永「あんまり、走らなかったと思いますね」

森垣「私の時とは、全然違う。ずいぶんとアカデミックになったよ」

重永「アカデミックというのは適当かどうかわかりませんが、私が心がけたのは人事です。皆、部隊の任務遂行のために一生懸命です。それが個人の幸せの追求につながるようにする。人事にそれを反映させるのが指揮官の責任だと思っていました。それと何でも言える雰囲気作り、若い連中が本質的なことを指摘することもありますから。また、若い者に間違った点があれば、それをうまく誘導して是正するように努めました」

――訓練や指導ではどんな特徴があったのですか。

有馬「202以外のF‐15飛行隊で実施していなかったことは、パイロットに2機編隊長（EL）資格取得後に教官パイロット（IP）課程を履修させたことです。ELでもIP資格を持っていました」

森垣「すべてのパイロットにそうしたわけじゃない。いちばんの目的は学生を死なせない、教える者が死なない、ということに尽きます。その能力がない者は教官にしなかった。202はF‐15のマザースコードロン。ここからF‐15のパイロットが巣立っていく。事故を起こさないパイロットの教育をつねに意識していました。だから、教育する学生たちには『自信をなくしたとか、やっぱり戦闘機は無理、民間に行きたいと言うならば、俺に言ってこい。絶対にクビにしたりせんから。航空会社に行けるように紹介してやる。教官も命をかけてお前たちを教える。本当に戦闘機に乗りたい者だけ残れ。やる気のない奴には教えたくない』と、いつも言っていました」

——戦闘機乗りは生半可な気持ちではできない。それを教えるのも学ぶのも命懸け、真剣勝負の世界ですね。

重永「機種転換教育中は危ないんですよ。訓練フライトで前席が学生の時は本当に基本的なことしか教えない、安全第一ですから。私が教官として教えた者たちの中から殉職者を出していないのは幸いでした」

——F-15の運用面では第202飛行隊がリードしたのですか？

有馬「1990年頃からF-15の飛び方が変わったんですよ。米空軍からニューBFM（ベイシック・ファイター・マニューバー：基礎的戦闘機機動）という考え方が入ってきました。それにともないF-15の運用は新たなフェーズに移っていった」

——具体的にはどんな変化ですか。

有馬「F-15の最大性能を活かした飛び方をしようということです。今までのF-86、F-4、F-104は位置（高度）エネルギーと速度エネルギーを交換するクラシカルBFMが主体だった。私も202でF-15に転換した時はクラシカルBFMの飛び方を教育していました。それがハイパワーのF-15になり、米空軍に倣ってニューBFMをやろうということになった」

——450ノットで突っ込んで9G旋回するということですか。

金丸「あえて言えばそれに近い。9Gで旋回する時にエネルギーを殺さずに最大旋回率を得るため、サステンドG（旋回開始時のGを低下させない）のまま350ノットで回る」

この時、F‐15はエンジンパワーは十分にあるので、高度を失わず水平旋回が可能になる。F‐4が同じことをすれば、高度を下げながらの降下旋回となる……。

有馬「そう。昔のF‐86、F‐4など、パワーの小さい戦闘機はクラシカルBFMが機動のセオリーでした。それがF‐15のような高機動ができる戦闘機になって、ニューBFMの考え方が生まれた。ニューBFMは第4、第5世代の戦闘機では主流になっています」

――空中戦ではニューBFMとクラシカルBFM、どちらが強いのでしょうか。

森垣「ニューBFMは戦闘機を知り尽くした機動ですが、空中戦はそこに応用が入るわけで一概には言えない。それが2機になったり4機になったりしたら、もっと空中戦の戦法が複雑になってくる。マニューバー・プラス・タクティクス（機動と戦術）です」

有馬「簡単に言うと、空中戦でニューBFMしか知らない者とニューとクラシカル両方を知っている者では後者が有利です。空中戦のさなか、ニューとクラシカルを入れ変えたりする者は絶対強いです」

――新旧の基本を交え、複雑な戦法にして勝つ？

有馬「そう。T‐2で戦闘機を学んだパイロットならクラシカルBFMは習っている。複数の敵味方機がいる場合、ニューBFMだけを学んだ者は機動が単調で動きが読める。だから、クラシカルBFMをもう一度習ったほうがよいと私は思います」

森垣「1990年に米空軍がニューBFMを採り入れたのは戦闘機パイロットを速成しようとしたからです。米空軍のパイロットはニューBFMだけを学んで戦場に送り出されるわけです」

有馬「米軍は飛行時間200から300時間程度で実戦の場（湾岸戦争など）へ行かされたと聞いたことがあります」

空中戦訓練

森垣隊長率いる第202飛行隊の戦闘機乗りたちは、学生にF‐15を教える以外の訓練ではどんな様子だったのだろうか？　飛行隊の主力パイロットは皆、教官資格者であり、空中戦訓練は相当気合が入っていたにちがいない。このあたりのことを森垣氏は次のように語る。

「普通どおりにね。2対2に分かれて、レッツゴーで対戦する。相手側からのレーダーミサイルを回避したり、2機が連携して攻撃したり、相手を欺騙する戦法を演練する。それから地上の要撃管制官と連携して、相手1機に対して、こちらは2機で動いて瞬間的に相手に対して多数機になるとかね」

教官どうしの空戦訓練は、やはりレベルも本気度も違う。

「相手の1機に対して、こちら2機のどちらかが派手に旋回してみせる。そこでもう1機が相手から見えないベリーサイドアタック（194ページ詳述）で攻撃、その後、また態勢を立て直して、2対1の局面をアプローチの段階から、どう作るかが始まる」

相手を叩き落とそうと、奥の手を探りあい、奇策を繰り出す……。

「そりゃね、皆やられたくないし、隊長と対戦したら、なんとか撃墜してやろうというのばかりですよ」

森垣隊長の元部下の戦闘機乗りたちは空中戦訓練となれば、並々ならぬ闘志を燃やしていた。筆者が彼らに「それで森垣隊長を落とせたんですか？」と聞くと皆、口を揃えて言う。

「むずかしい。隊長はうまいんだよ。不利に見せかけて、こちらを引きつけ、別のところから1機が気づかないうちに飛んできて、一撃でやられてしまうんですよ」

森垣氏にこれを伝えると、懐かしそうな表情でその秘訣を明かした。

「彼らがチャンスだと思う時、真後ろを確認してないからね」

筆者は素人考えの質問をした。空中戦に強いのは目、勘、頭、はたまたそれら以外に何がいちばん大切なのであろうか。

「目がよくて、頭がよくて、身体がF‐15についていける。それが大事。頭がよいのは空中戦の動きを組み立てられるということです。身体がF‐15の9Gに耐えられなければ空中戦に負けてしまう」

敵機、自機であるF‐15の性能、そしてGのすべてに勝たないと勝利はないのだ。

全主力戦闘機に乗った男

ここで、空自にF‐15が導入される以前の戦闘機による空中戦についても振り返っておきたい。それを語るのは、森垣氏とともに最初のF‐15要員として米国留学した15人の一人、井上博昭（当時1等空尉、32歳）である。

井上氏は約35年間の在職中、空自が装備していた主力戦闘機、F‐86、F‐104、F‐4、F‐15、全機種のパイロットを務めた経験を持っている。総飛行時間は5852時間と戦闘機乗りとしては傑出したキャリアの持ち主である。

井上氏は1949年、愛媛県生まれ。父は元海軍予科練出身のパイロットだった。その父はつねに「世のためになる人を目指せ」と井上少年に言っていた。

1967年、航空学生（23期）として入隊。入隊の動機は、高校卒業後は大学進学も考えたが、それよりも四人兄弟の長男として暮らしていた父親の勤め先の狭い社宅を出たいがためだった。

航空学生課程を修了後は、第4飛行隊でF‐86、第201飛行隊でF‐104、第302、第304飛行隊でF‐4、そして第202飛行隊ではF‐15のパイオニアとして森垣隊長が心から信頼する

井上博昭氏。歴代の各主力戦闘機を乗り継ぎ、さらにF-15DJを導入したばかりの教導隊に配属され、飛行班長を務めた筋金入りのファイター・パイロット。

後輩の一人であった。

現在の井上氏は白い顎髭を蓄え、古希を迎えた今も精悍さの漂う風貌が印象的だ。現役時代に鍛えた太い首が元イーグルドライバーの証しである。

まずは、現役時代に乗った各戦闘機での経験から聞いた。井上氏が戦闘機パイロットとして最初に乗ったのがＦ-86Ｆだ。

ノースアメリカンＦ-86Ｆ「セイバー」は第２次世界大戦後に実用化された亜音速のジェット戦闘機。朝鮮戦争ではミグ15と史上初のジェット戦闘機どうしの空中戦を展開した。朝鮮上空での「キルレシオ」と呼ばれる撃墜比率は10対１以上。ミグ10機撃墜に対し、Ｆ-86の損害は１機という圧倒的な強さを誇った。空自では初代の主力戦闘機として１９５５年から配備され、要撃防空の基礎を築いた。最大時には10個飛行隊に配備され、１９８２年に退役するまで計４３５機が運用された。

井上氏はＦ-86Ｆとその特徴ついて次のように言

F-86Fはその軽快な機動性能を活かして、初代「ブルーインパルス」の使用機として17年間運用されている。写真は第4航空団所属機。

う。

「有視界飛行による要撃戦闘が主な任務の昼間戦闘機で、後退翼を採用し旋回性能に優れ、目標を目視で発見後、その後方に回り込んでヒートミサイルによる『スターンアタック』と呼ばれる攻撃を基本にしていました。直線飛行中の目標であれば、ほぼ命中させることができましたね。もしも目標がミサイルを回避した場合は『キャリバー50（F‐86Fの固定武装として機首に6門搭載する50口径12・7ミリ機関銃の別名）』で攻撃する。これを『ガンアタック』と呼んでいました。それで撃墜する」

　F‐86Fはジェット戦闘機の第1世代で、この時代の戦闘機は本格的なレーダーも搭載しておらず、空中戦も第2次世界大戦当時と同様の格闘戦がもっぱらだった。それだけに操縦性と運動性能に優れたF‐86Fについて「意のままに飛ぶ戦闘機だった」と述懐する元パイロットも多い。井上氏にとってF‐86Fは戦闘機と空中戦を最初に学び、約3年間慣れ親しんだ機種だった。

亜音速機から超音速機へ

Ｆ‐86Ｆの次に乗ったのは、空自の二代目の主力戦闘機Ｆ‐１０４である。ロッキードＦ‐１０４は、１９５０年代半ばの開発当時、「最後の有人戦闘機」とまでいわれ、速度と上昇性能を重視した超音速ジェット戦闘機で、初期型では飛行特性の欠陥があったものの、これを改善したＧ型を当時の西ドイツが戦闘爆撃機に採用し、その後、西側諸国空軍で広く採用された。

空自では１９５９年、全天候性能を有し本格的な空対空ミサイルを搭載する要撃戦闘機としてＦ‐１０４Ｊの採用を決定した。１９６２年から部隊配備が始まり、最大時には7個飛行隊が編成され、１９８６年までＪ型、複座型のＤＪ合せて２３０機を運用した。

「Ｆ‐86の時は長く乗りたいと思っていたんですが、当時はＦ‐１０４が新鋭機だった。だから、Ｆ‐86を続けても自分の能力を向上させることはできないと思いました。それでＦ‐１０４への転換を希望しました。ただ、その頃のＦ‐１０４は事故が多く、正直怖かったのですけど、飛べば必ず落ちるというわけではないので、新しいことにチャレンジするほうが魅力的だったのです」

井上は１９７２年、Ｆ‐１０４機種転換課程に進み、第２０１飛行隊に移籍する。

「Ｆ‐１０４はＦ‐86とは技術的に格段に進歩していました。いちばん大きな点は亜音速機から超音速機になったこと。それからレーダーを搭載していることですね」

超音速、すなわちスーパー・ソニックに加速した瞬間に〝音の壁〟を破るのが見えるという話を筆者は耳にしたことがある。それは本当なのだろうか。井上はF-104でマッハの世界を初めて体験した。

「超音速というと、ちがう世界に思えそうですけど、機上から見える景色が変わるとか、体感的に変化を感じることはありません。ただ、音速を超えた時、キャノピー越しに衝撃波が見えるんです。でも、それは光線の加減で見えたり見えなかったり。だから、計器を見て『音速に達したな』と感じるだけです」

どうやら音速突破にはファンタジックで劇的な感動はないらしい。

さて、F-104では戦闘方法がどのように変わったのだろうか。

「F-86Fで飛ぶのは昼間運用主体、亜音速領域だけでしたが、F-104Jでは全天候下で超音速領域までの戦闘が可能になりました。要撃戦闘ではレーダーで目標を発見して、側方から接近しロケット弾による攻撃、これは『ビームアタック』と呼ばれていました。ロケット弾は夜間でも雲の中でも撃てました。目標が大型の爆撃機ならば、側方から接近

超音速域での上昇力と加速力を重視、ロケットのような胴体と小さい直線翼が特徴のF-104J。

してロケット弾を24発発射する。24発が一斉に出て弾幕を作るから、そこを目標機が通れば、どれかが当たる。外れれば、夜間でもヒートミサイルが使えますから、後方に回り込んでヒートミサイルで攻撃する。その次はさらに接近して、20ミリバルカン砲で撃墜するという具合に攻撃能力が向上した」

しかし、F‐86より速く強力なF‐104も導入初期には、その能力を百パーセント発揮できなかったという。

「F‐86に比べ、F‐104は旋回性能がそんなによくない。動きが鈍い爆撃機ならばバルカン砲で命中させられますが、相手が戦闘機となるとちょっと難しい。相手が旋回して逃げたら追っかけるのではなく、こちらはそのまま離脱です」

まっすぐに接近し、一撃を加えて超音速で離脱するのがF‐104の戦い方なのだ。

「しかし、運用実績を重ねるにつれ、F‐104の性能、特性を熟知したパイロットが増えたので、空中戦、いわゆる旋回戦闘をやれる者も結構いました。空対空ミサイルに頼るばかりでなく、F‐104を自在に機動させてバルカン砲で攻撃することもよくやりました」

井上は第201飛行隊に1年半在籍し、F‐104での飛行時間は約306時間、総飛行時間は約1100時間に達していた。戦闘機乗りとしてはいちばん脂がのりきった時期を迎えていた1974年、また新たな戦闘機へ機種転換することになる。F‐4ファントムである。

複座戦闘機

井上がＦ‐４ＥＪへの機種転換のため転属したのは、空自二番目のＦ‐４飛行隊として１９７４年に新編された千歳基地（当時）の第３０２飛行隊である。

空自の主力戦闘機三代目にあたるＦ‐４ＥＪは、１９７１年から導入され、２０１９年３月に第３０２飛行隊が百里基地で運用が終了するまで48年間にわたり要撃戦闘機として活躍した。Ｆ‐４ＥＪについては拙著『永遠の翼Ｆ‐４ファントム』をご一読いただきたい。

Ｆ‐４の特徴は何といっても空自では最初で最後の複座戦闘機だった点だ。それゆえにパイロットには複座機特有のスキルやメンタルが求められた。井上のようにＦ‐86、Ｆ‐１０４からＦ‐４に乗り換えるのは一人乗りから二人乗りへの転換であり、搭乗する二人はいわば運命共同体で飛ぶ。この環境の変化にはどう対応したのだろうか。

「Ｆ‐４では前席が主に操縦、後席がレーダーや通信などいろいろな操作をするので、単座機では一人でやっていたことを二人で分担するようになった。そして、二人がお互いに連携しながら飛行、戦闘するのが単座機と大きくちがう点です。だから、複座機では前後席がうまくコミュニケーションしないと、よい仕事ができないのです」

複座機の有利なところはどこだったのだろうか。

「単座機ではレーダー操作しながら操縦します。そこでレーダーに集中すると操縦がおろそかになる。その逆に操縦に集中しなければならない時はレーダー操作ができなくなる。だけど複座機のF‐4ならば、前席のパイロットは操縦しながら、後席に『今、どこにいる？』と聞けば、自分でレーダーを見なくても後席のパイロットが現在位置を教えてくれる。周囲を警戒したり索敵する時も二人で四つの目がある、これが複座機の利点です」

井上は第302飛行隊のF‐4パイロット時代に忘れられない経験がある。

それは井上が第302飛行隊勤務について2年ほど経った1976年11月、対異機種戦闘訓練でのことである。井上はF‐4EJの前席に搭乗、味方編隊の2番機として千歳基地を離陸した。対抗機は第203飛行隊のF‐104の2機編隊だった。

両編隊は日高沖の訓練空域に到着した。この頃の空中戦訓練は2機編隊がお互いに交差した直後に開始していた。対抗編隊1番機を目視した井上は交差後、この1番機を攻撃する位置を占位《せんい》しようと機動し、味方1番機の後方に位置して追跡している時だった。

「前方1マイル（約1・8キロメートル）を飛んでいた味方編隊1番機の左胴体後部下方付近から火焔が出ているのを視認しました。空中爆発の危険を感じ、すぐに無線で『ベイルアウト（緊急脱出）！』と送信しました」

しかし、1番機のパイロットからの応答はなかった。その後、事故機は機首を下に向け、数か所から火焔と黒煙を引きながら海上に墜落していった。

「緊急脱出の瞬間は確認できなかったものの、墜落していく機体の上空に2個のパラシュートが降下しているのを見つけました」

ベイルアウトは成功した。そして、海上に着水した二人のパイロットは近くにいた漁船に収容された。

「それを上空から見届けて、千歳基地に帰投しました」

ところが基地帰投の数時間後、井上らに届いたのは、前席パイロットは重傷、後席パイロットは死亡という知らせだった。

「空中で仲間を失ったことは今でも痛恨の極みです」

この経験はその後の井上氏の〝パイロット哲学〟、とりわけ死生観に大きな影響をもたらした。空中では好むと好まざるにかかわらず〝生殺与奪《せいさいよだつ》の権〟を握っている戦闘機パイロットの宿命を一層意識するようになったという。

「戦闘機は一人乗りがいちばんです。単座機ならば失敗して死んでも自分の責任ですから。複座機だと相棒がいる。さらに大型機ならば大勢の乗員乗客の命を預かる責任を負う。いずれにしても人の命を預かる責任はとてつもなく重い。複座機で失敗して自分は助かったけど、後席の者が死んでしまったら、やりきれないですよ」

筆者はこれまで多くのF‐4のパイロットたちにインタビューしたが、その中の何人かから「複座であったことで救われた、助かった」という話を聞いた。操縦が危険な領域に入りかけた時、後席のパイロットの警告で命拾いをしたという経験である。井上氏が「戦闘機は一人乗り」と言い切るのは、単座機も複座機も知り尽くし、命の重さも知っているからこそ至った結論なのだろう。

パイロットは新しもの好き

井上は1981年4月、F‐15への機種転換教育のために米国留学する15人の一人に選ばれた。

「航空学生出身者は18期から森垣さん、22期から松本さん、23期から重永さんと私でした。F‐15の機種転換教育は約4か月、飛行時間は20時間」

複座のF‐4から再び単座のF‐15に復帰できたが、当初はF‐15には戸惑ったという。

「基本的には戦闘機は単座がベストだと考えていたので、そこに復帰できたのはいいんですけど、F‐15のインターフェースはあまりにも欲張ったものがついているという印象でした。操縦席には百個くらいのスイッチがあるわけですよ。それを一つひとつ覚えないとならない。操作を間違えるとたいへんなことになりますから」

それまで乗ってきた戦闘機とF‐15を比べるとどうなのだろうか。

「自分のいちばん好きな飛行機はシンプルなF‐86Fですけれど、パイロットは皆、新しいものが好きなんです。F‐15に慣れて、知識もどんどん蓄積されるにつれ、そのすばらしさを認識しました。F‐15は従来の戦闘機に比べて、はるかに戦闘能力が高いですから」

F‐15のどのあたりがすばらしいと感じたのだろうか。

「F‐15は機体が頑丈で、高出力のエンジン、高性能のレーダーなどの電子機器、さらに多様な武装を搭載しています。さらにパイロットが操縦操作に全神経を集中することなく、空中での状況把握をより的確にできるようになった。これらの能力によって単座戦闘機として任務遂行能力は飛躍的に向上しました」

戦術、戦法にはどのような変化をもたらしたのだろうか。

「F‐104、F‐4と同様、全天候・超音速域での要撃任務が主体ですが、F‐15はドップラーレーダーで目標を遠方で発見して、前方から接近、レーダーミサイルによる攻撃、これは『フロントアタック』と呼んでいました。それに続いて目標の後方に回り込んでヒートミサイルで再度攻撃。これが『リアアタック』です。それを回避されたら、20ミリ機関砲による『ガンアタック』で攻撃し撃墜します」

米国留学中、井上はF‐15を駆って、仮設敵のF‐5タイガーと空中戦訓練を体験している。その日、井上は教官機と2機編隊で、戦闘空中哨戒ポイントで索敵しつつ、敵戦闘機を掃討する任務を想定した訓練に飛び立った。地上のレーダーサイトから敵機の位置情報を受信しながら、コックピットでレーダーと目視で敵機を捜索していた。

「対抗部隊のF‐5が側方から接近してきたのを、距離5マイル（約9キロメートル）で目視で発見しました」

映画『トップガン』にも主役の米海軍のF‐14とF‐5が演じる国籍不明の敵機との同じような空中戦シーンがある。いよいよ、F‐5との対戦だ。

「急旋回して、機首を対抗機に向けて直進交差しました」

対抗機F‐5は井上機F‐15の真横を飛び抜けていった。

「しかし、その後、対抗機を見失い、引き続き捜索したものの発見できず、基地に帰投しました」

帰投後、井上にとって思わぬことが判明する。

「教官が対抗部隊との電話によるブリーフィングで確認したところ、井上機と交差したF‐5は井上機の後方に回り込み、ミサイルによる攻撃を模擬したということでした」

知らぬ間に撃墜されていたのだ。捜索した際に後方確認を怠ったのが敗因だった。

第202飛行隊

米国留学から帰国した井上は、森垣氏らとともに臨時F‐15飛行隊、続いて第202飛行隊でF‐15の戦力化に携わり、その後も退官するまでF‐15との長い付き合いが始まる。

森垣氏は現役当時の井上氏を「F‐15の飛ばし方がつねに鋭く、空中戦の腕はピカイチ」と高く評価する。これに対して井上氏は謙遜しつつ次のように語った。

「私としては、そんな認識はないのですが、森垣さんから高い評価をいただいたのはうれしく思います」

とりわけ空中戦の腕を高く評価していたということについては、どうなのだろう。

「森垣さんが、いつどのような場面でそのように評価していたのか、わかりませんが、空中戦では基本的に、こちらを見えていない相手ならば、落とすことはできるんですよ。ただし、ひとたびお互いを発見したら、よほど操縦技量に差がないかぎり、空中戦の決着をつけるのは難しい。飛行機の性能差でだいぶ変わってくると思いますが、高性能機どうしの戦闘にあっては、操縦技量以前の迅速な空中判断に負うところが大です。おそらく第1次世界大戦当時の撃墜王も相手が気づく前に落としていたと思います。空中戦の定石は昔から変わらない。私が空中戦の手本としたのは『No Guts No Glory（根性なしに栄光なし）』『E‐M（エネルギー機動性）理論』など先人たちの残した空戦理論です。その詳細は忘れましたが、自分なりに『むだな機動を避け、エネルギーを高く保持する』ことを念頭に空中戦を実践していました。それが森垣さんの評価につながっていたのかもしれません」

井上氏は第202飛行隊、そして前述のとおり飛行教導隊、北部航空方面隊運用課長、第5航空団防衛部長などを歴任し、2004年に退官した。

第4章　空中戦の極意——真剣勝負を制する

負けず嫌いのイーグルドライバー

1991年8月1日、森垣隊長はF‐15運用史に大きな足跡を残し、第202飛行隊を去り、一つの〝鷲神〟伝説が終わったが、同日、新田原基地から北に約200キロ、築城基地（福岡県築上郡築上町）の第304飛行隊に、もう一人の飛行隊長による〝鷲神〟の伝説が始まる。

西垣義治《にしがきよしはる》元1等空佐（72歳、取材時）、1947年、兵庫県丹波市生まれ。1966年、航空学生（22期）として入隊。航空学生の課程を修了後、F‐104のパイロットとして、第204飛行隊、第202飛行隊などで勤務した。飛行時間5402時間。

現役当時の西垣氏は、その負けず嫌いの性格からくる闘志溢れる戦闘機乗りとして多くのエピソー

西垣義治氏。第204、202飛行隊ではF-104でパイロットを育て、F-15配備後は第304飛行隊で隊長を務めた。“鷲神”と呼ばれる伝説のパイロットの一人。

ドを残しており、それはイーグルドライバーたちによく知られている。

「航空学生の基本操縦課程では、いっしょに学ぶ同期生は皆仲間ですから、お互いをライバル視して競い合うという雰囲気ではありませんでした。しかし、第２０４飛行隊でのＦ－１０４戦闘機への機種転換課程では、その成績がのちの配属部隊にも影響が出ることを教えられて、そこから勝ち負けを意識するようになりました」

当時の第２０４飛行隊は、新田原基地の第５航空団隷下のＦ－１０４飛行隊で、通常任務のほか機種転換教育も担任しており、優秀なパイロット揃いのレベルの高い飛行隊として知られ、20年あまりの間、多くのＦ－１０４パイロットを育ててきた。

以来、西垣氏は勝敗の結果を重んじ、率先垂範《そっせんすいはん》の姿勢を貫いていく。それは第３０４飛行隊長になってから、さらに異彩を放つことになる。

第３０４飛行隊は１９７７年８月、Ｆ‐４ＥＪ装備の４番目の飛行隊として、築城基地（福岡県）の第８航空団隷下に新編され、西部航空方面隊初のＦ‐４飛行隊として、Ｆ‐１装備の第６飛行隊とともに西日本の防空を担ってきた。１９９０年１月にはＦ‐15装備の６番目の飛行隊として機種改編され、２０００年10月に新田原基地の第２０２飛行隊廃止以後は、西部航空方面隊で対領空侵犯任務にあたる唯一のＦ‐15飛行隊であった。

２０１６年１月には、長く所在した築城基地を離れ、南西諸島空域での航空優勢確保や活発化する中国軍の動向にともない新編された那覇基地の第９航空団の隷下に編入された。

西垣氏が第３０４飛行隊長に着任したのは、同隊がＦ‐15へ機種改編されて１年半ほど経った頃である。

ここからは西垣氏と同氏が第３０４飛行隊長当時、最も信頼する部下の一人で、またパイロットとしてその資質を高く評価していた高木博元１等空尉（56歳）へのインタビューを交えて、１９９０年代の第３０４飛行隊〝空戦記〟を語っていこう。

〝名刀〟Ｆ‐15

高木氏は１９６３年生まれ。１９８２年、航空学生（38期）として入隊。現役当時のタックネームはＢＯＯ（ブー）。昭和世代ならば、誰でも知っているドリフターズの高木ブーから名づけられた。

高木博氏。西垣氏が信頼する部下だった一人。F-15で3000時間を積み、退官後は国際線パイロットとなる。

第３０４飛行隊には12年在籍し、同隊の訓練幹部も務め、２０００年、36歳で退官、民間航空の旅客機パイロットに転じた。空自退職時のＦ‐15での飛行時間は３０００時間。これは当時、日本で第３位、世界で第14位の記録だった。

１９８９年、Ｆ‐４ＥＪ改からＦ‐15に機種更新中の第３０４飛行隊にイーグルドライバーとして配属。同隊には複座のＦ‐４を自在に操るファントムライダーの猛者が集まっていた。

そんななか、まだ機数が少なかったＦ‐15とＦ‐４による１対２の空中戦訓練があった。経験も浅く、２機編隊長の資格はないウイングマンの高木３尉はＦ‐15に乗って離陸した。訓練の相手は猛者４人が乗った２機のＦ‐４。

「Ｆ‐４に乗っているのは凄い先輩たちばかりなんですけど、Ｆ‐15に乗ったぺーぺーの私が簡単にバタバタと面白いようにＦ‐４を落としちゃったんですよ」

第304飛行隊の空中戦に異変が起きた。

「F-15はすべての面で、F-4をしのいでいるんです。正面から会敵しても、180度水平旋回してF-4の内側にくい込んでいくんですね。それで凄腕の先輩が操るF-4が逃げ回っているところを1機撃墜。続いてすぐ、もう1機が射界に入ってきますから、今度はそちらを撃墜します。未熟なパイロットが〝名刀〟F-15を手にして、達人の先輩たちを電光石光のごとく撃墜しちゃいました。先輩たちが戦技的に誤っていたということは絶対にないんです。私がF-15に乗っていたから勝っただけなんです」

3機の戦闘機は築城基地に帰投した。列線に戻りエンジンカットして、キャノピーが開く。4人のファントムライダーはF-4から降りてきた。

「その時の先輩たちのしょんぼりした顔を私は今でも忘れません。もう本当に申し訳なかった。私が勝てたのは、F-15の性能が優れているだけで……。F-15とF-4の性能差はそれだけ大きかったんです」

西垣隊長着任

さて、西垣氏が第304飛行隊に着任した時に話を戻そう。

「西垣さんは最初から違うんですよ。航空学生出身ですけど、CS(指揮幕僚課程)を修了していて、マネジメント能力にも長けている。そして抜群の戦技能力を兼ね備えている。まさに鬼に金棒でした。われわれパイロットたちは『西垣さんという凄い人が来るらしいよ』と噂していました」

高木氏は当時を懐かしそうに語る。初めて西垣氏と会った時の印象をよく覚えているという。

「第一印象は小柄で日焼けした漁師みたいでした。腕白坊主がそのまま大人になったみたいな感じでしたが、眼光は鋭かった」

西垣隊長の負けず嫌いの性格はすぐに現れた。まず、着任の挨拶から強烈だった。西垣隊長は開口一番、こう言った。

「私はこの飛行隊を強くしに来ました。日本一の飛行隊にします。以上！」

集合した部下のパイロットたちは、息を呑んだ。飛行隊の雰囲気は一変した。

「今までは戦技をわれわれが教えていたのですが、こんどはわれわれが教えられることになったのですから」

新しい伝説が始まった瞬間だった。しかし、この伝説には驚くべき秘話があった。西垣氏が第304飛行隊長に補職された理由について本人が明かす。

「当時、飛行教導隊で企画班長を務めており、上司から『次は第202飛行隊長をやってくれんか』と言われましたが、『私、行きたいところがあるんですよ』と答えた」

それが築城基地の第304飛行隊だった。

負けず嫌いのイーグルドライバー。ハイレート・クライムを見せる西垣隊長。（西垣義治氏提供）

「全国の飛行隊を巡回教導で回ってわかったのですが、第304飛行隊が最低だなと……。優秀なパイロットがいるのに部隊としてのレベルもメンバーの意識も何もかもが低くすぎる」

日本で最低、世界で最低。西垣はそう判定したのだった。

「上から『何でそこに行きたいんだ?』と聞かれて、『このままではどうしようもない飛行隊。彼らを一から鍛え直さなあかん』と言いました。そしたら、上は『ほんなら、行け』ということになった」

そして着任するやいなや、名台詞が吐かれる。

「俺はお前らを鍛えるために来た。とりあえず日本一になろう」

最低の飛行隊の再生は、何から始めたのだろうか。

「まず、私が手本を示す。地上からですよ」

3キロメートルの凄まじい持久走からであろうか。

「朝の挨拶からですよ。私が出勤して来ているのに、挨拶せんやつが、おるじゃないかと怒った」

さながら1980年代に大人気になった、不良ばかりの高校に赴任した熱血教師が最低のラグビー部を叩き直していく、テレビドラマ『スクールウォーズ』のようである。

「ドラマのモデルになった伏見高校のラグビー部といっしょですよ。能力はあるけどチャランポランですよ。真剣勝負で生徒たちに向き合って結果、全国1位となった。あんなもんですよ」

空自版『スクールウォーズ』が築城基地でリアルに起こっていたのだ。すると、鉄拳指導もいとわず、体当たりの指導を実践したのだろうか。

「そんなことはせんよ。空に上がって全員、1対1でかかって来いと……。で、皆やっつけるんですよ。飛行教導隊出身の凄いパイロットが来たと思わさないかん。お前らとはレベルが違うんだと。だから俺を追いかけてこいと」

第304飛行隊時代の西垣隊長。日本一の部隊に引き上げるために着任。そしてそれを実現する。(西垣義治氏提供)

もはやコーチと選手の関係ではない。どちらが強いのか勝負で証明して引っ張っていく。よほどの腕がないとできない。しかし、迎え撃つ第304飛行隊は世界最低と判定したように、飛行の技量も最低……。

「いや、教導で行っ

ておったから、彼らの腕は決して劣っているのではないとわかっていた。ただ、鍛えられていない、気持ちがたるんでるんですよ。だから、全員、意識を変えなければいけなかった」

その真剣勝負の日々は半端ではなかった。

「1日3回くらいずつ飛んでました。帰宅したらグターッとなってましたわ。でも、空では負けたことはありません。だいたい1か月くらい経ったら、全員やっつけた」

どんな空中戦勝負だったのだろうか。

「F-15はあんまりミスを誘発しない飛行機ですが、それでもすぐにカタはつきますよ」

操縦の腕で勝負はすぐに決まる？

「キャノピー・アンド・キャノピーでスタートです」

キャノピー・アンド・キャノピーとは、お互いの操縦席のキャノピー（風防グラス）越しに相手を見合いながら旋回して開始する空中戦訓練だ。条件は対等で勝負が始まる。

「この場合は同じ技量で同じ飛行機ならば勝負はつきません。しかし、相手がミスをするわけですよ。そこを圧倒的な力で押さえに行く。そして『何だお前ら？ もう1回やるぞ』で、再び勝って徹底的に叩きのめすんですわ」

地獄の訓練は空中だけではなかった。地上でも戦いは続く。

「余計なおしゃべりしたり、無駄口を叩く奴らがおる。だから、フライトの日は飛行隊に入ってか

高木氏が乗機する戦技競技会参加の942号機。カラス天狗のマークとタックネームの「BOO」が記されている。（高木博氏提供）

ら出るまで戦う話以外するなと。『ゴルフの話をやりながら戦闘機には乗れんぞ。晴れた日は戦闘のことだけ考えろ。余計なことは雨の日にやれ』と言った」

部隊精強化の秘策

飛行隊長に着任した西垣2佐（当時）は早速、前例や慣行にとらわれず強力なリーダーシップを発揮して部隊の精強化を推進した。それはまず、地上でのブリーフィングのパターン化、簡素化から始まった。

「以前の飛行前ブリーフィングはいっしょに飛ぶ仲間と、たとえば今日の離陸間隔は15秒、上空ではここで集合、往路の編隊の隊形はこうで、帰路はこうするなどと、いちいち細かく話し合って決めていました」（高木氏）

西垣隊長はそれをすべてやめた。

「訓練空域への往復はスタンダードと決める。する

戦技競技会のための特別塗装が施された924号機で離陸する西垣隊長。（西垣義治氏提供）

と、それは決まり事なので事前にそれを一度確認したら、もう細かい話はいらない。そんなやり方に変えました。打ち合わせは訓練の内容だけでいい」（西垣氏）

基地と訓練空域との往復などルーティンのパターン化によって、飛行前のブリーフィングを短縮し、往復の時間の短縮にも努め、本来の訓練に時間を多く充てることができる。結果として訓練効果も上がる。

「さすがにアフターバーナーは使いませんが、音速を超えない範囲のギリギリのマッハ0・95で飛行します。速やかに訓練空域に進出して、訓練後は速やかに基地に帰投して、デブリーフィングでは訓練の中身だけを検討するようにしました。なぜ失敗して撃墜されたか、次はここを修正しろと、徹底的に話し合いました」（高木氏）

ブリーフィングでは、ほかにもやり方を変えたことがあった。フライトから戻ってからのデブリーフィングは、訓練を終えたパイロットどうしがテーブル上の地図にグリースペンシルの色を使い分けながら、空中戦の軌跡を描いて行なうのが、どこの飛行隊でも見られる光景だった。

「それだと訓練に参加した4人以外、テーブルの脇で立ち見になるんですよ。西垣隊長は、その日に飛んでいない者たちを含めて全員がこのデブリーフィングに参加できるように工夫したんです」（高木氏）

また、西垣隊長はF‐15に搭載されたヘッド・アップ・ディスプレイ（HUD）の映像を記録したビデオテープを使わなかった。

「西垣隊長はビデオに頼らない方法を考案しました」（高木氏）

ホワイトボードに消えない黒インキで升目が刻まれている。そこに空中戦訓練の経過をひとコマずつ、5秒とか15秒間隔で記入していく。

「この方法ならば、正確に敵味方機の機動と位置関係がわかります。さらに大勢で見られるので、飛行隊の全員がブリーフィングに参加できるんですよ」

西垣隊長は空中での機動をすべて把握している。ホワイトボード上の升目を一つずつ時系列で追いながら、説明を始める。

「今日の教訓はこの5番目のコマだよね。ここで君がこのように機動をして6コマ目につながって、そして7コマ目で撃墜された」

このように皆の頭の中に空中戦の模様が再現され、具体的なイメージとして勝つ方法が叩き込まれていく。

さらに西垣隊長率いる第304飛行隊の即応態勢の構築は、ほかの飛行隊とはまったく違った。

「コンバット・デパーチャー」の実践

いかに強い戦闘機でも地上にいる時は、敵の爆撃機や攻撃機の格好の標的である。第3次中東戦争では、イスラエル空軍機がアラブ諸国の航空基地を奇襲攻撃して、地上にあった四百機あまりの作戦機を破壊している。航空戦力を失ったアラブ諸国は地上戦でも敗北し、戦争は6日間で終わった。

専守防衛を国是《こくぜ》としているわが国では、この戦訓をもっと重く見るべきであろう。有事には空自航空基地が先制奇襲攻撃を受ける可能性は大きい。西垣隊長はここに着目した。

「いよいよ実戦となり、日本本土が攻撃され、基地周辺の制空権も危うくなって、いつ敵がやって来てもおかしくない時の戦い方を実践しよう、というのが西垣隊長の発想でした」（高木氏）

その一つが有事を想定した離陸方法だった。飛行隊のパイロットや整備員たちに西垣隊長は指示した。

「コンバット・デパーチャーだ！」

ギアが滑走路を離れるや否や大きく機体をバンクさせ目標に針路をとるコンバット・デパーチャー。

しかし、誰もがすぐには意味がわからなかったパイロットたちは口を揃えて聞いた。

「コンバット・デパーチャーって、何ですか?」

航空法では、空港や飛行場ごとに航空機が離発着するコースや高度、その方式などが細かく定められている。これを逸脱すれば法令や規則に抵触したり、安全管理上も問題が生じるおそれもある。率先垂範の西垣隊長は答えた。

「じゃ、やりますぞ」

そうひと言残して隊長はF-15に搭乗。乗機は築城基地の約2400メートルの滑走路の400メートルほどで離陸すると、真ん中あたりでギアアップし、そのまま高度100メートルに達する間もなくファーストターン(急旋回)した。

通常の離陸は滑走路の全長の三分の二くらいを滑走後、離陸してギアアップ。そして、ゆっくりと左右のどちらかに旋回しながら高度を上げていく。滑走路の中ほどから低空で旋回に入り、バリバリと轟音とともに管制塔の真横をかすめて離陸していった。こんな離陸は誰も見たことがなかった。

「パイロットは皆、びっくりしたものです」（高木氏）

同時にパイロットと整備員の士気は急上昇である。

「隊長がやるんだったらいいんじゃないか、となりましたが、そうはいかなかった。騒音が問題になったのです……」（高木氏）

映画『トップガン』には、主人公の乗るF‐14が空母の艦橋や基地の管制塔の真横をかすめて飛んで、突然の轟音に驚いたエアボス（航空機の離着艦を指揮管制する飛行長）が手にしたカップのコーヒーをこぼすシーンがあった。西垣隊長はそれと似たような飛び方を実際にやって見せたのだ。

その後、この「コンバット・デパーチャー」は、訓練では高度1000フィートに達してから旋回するということになった。日常的な飛行隊の即応力向上はこうして始まった。

「コンバットデパーチャーは、F‐15導入直後、第202飛行隊のメンバーとして、千歳基地へ初めての移動訓練をした時に元上司で当時の第2航空団の飛行群司令から『F‐15らしい発進要領を見せてくれ』と言われました。そこで、かねてから実戦になれば、こうすると考えていたことを実行したのが最初でした。第304飛行隊長時代も飛行群司令から『もっと実戦的な発進・帰投を採り入れてくれ』と言われていましたので、コンバットデパーチャーに加え、タック・デパーチャー、タッ

ク・リカバリーを採り入れました」（西垣氏）

タック・デパーチャーとは、2機のF‐15が密集隊形で離陸直後、ギアを上げるとともに飛行場の上で各機が左右にパッと展開して、2機が2マイル（約3・6キロメートル）間隔の戦闘隊形に移る発進要領である。

「これを飛行場の外周境界線くらいに達すると同時に戦闘速度まで加速します。その段階でF‐15は戦闘可能です」

それは着陸の時も同様だった。

「基地への帰投進入時も、いつでもすぐに戦える戦闘隊形を維持したまま、戦闘速度で降りていく。タック・リカバリーといいますが、これを日々のフライトでやろうというのが、西垣隊長の指導方針でした」（高木氏）

侍は刀を鞘に収める時も相手から目を離さず、すぐさま抜刀できる態勢をとる。これと同じだ。西垣隊長はその負けず嫌いの性格をもって部隊とパイロットの即応性を徹底的に追求した。この指導はホームベースの築城基地での訓練にとどまらなかった。

硫黄島での実戦想定訓練

硫黄島は東京から南へ約1250キロメートル、太平洋戦争末期の激戦の島は1968年に米国から返還後、自衛隊の航空基地が設けられ、現在は海自および空自の基地隊が常駐している。島の周囲には広い訓練空域が設定されており、本土の空域ではできない訓練が実施可能で、1980年代半ばからは、空自戦闘機部隊は定期的に移動訓練を行なっている。

1992年の春、第304飛行隊に硫黄島での移動訓練の順番が回ってきた。硫黄島では訓練空域への往復の時間を必要としないので離陸後、すぐ訓練に入ることができる。パイロットたちは、たっぷり空中戦の訓練ができると思った。しかし、西垣隊長はちがった。

「ミサイル回避機動訓練をやる！」と宣言したのである。

「えっ?、隊長、それは何ですか?」

「空中戦はどこでもできる。築城でできんことしかやらないからな」

この言葉にパイロットたちは、あんぐり口を開けた。その「築城でできんこと」というのは、低高度での戦闘機動とミサイルから逃げる訓練だった。築城でやっているコンバットデパーチャーの比ではない。

「面白いぞ。見ていろ！こうじゃー！」

またもや率先垂範、西垣隊長はF‐15に搭乗した。そして硫黄島の滑走路を最短距離で離陸、ギアアップと同時に急旋回。しかも、その高度は滑走路からたったの数十メートル。機体を90度横転させ、主翼を縦に向けたF‐15の下に同じ姿勢のF‐15がもう1機、やっと入る高度だ。

硫黄島基地の滑走路は周囲の地面から高台になっている。滑走路を外れると、海に向かって斜面が続く。Ｆ‐15は超低空でその斜面を駆け下り、島から海面すれすれへ降りていく。飛行場にいるパイロットや整備員たちの目からＦ‐15の機影が消えた。度肝を抜かれて全員がその場に立ちすくんだ。しかし、隊長がやれば、部下のパイロットたちは喜んでそれに続く。

「離陸後にもやりましたが、訓練が終わって基地に帰投する時も海面すれすれに降りて、基地上空を低空でパスしてから着陸しました」（高木氏）

レーダーミサイルやヒートミサイルは地表や海面に接近しすぎると、誘導方式が乱されて命中しない。

ふだんのミサイル回避訓練では高度5000フィート、あるいは1万フィートを地表と見なして行なう。高度計を頼りに1万フィートを飛行しながら、ミサイルの追尾から逃れるための低空飛行を想定した訓練をする。それでは実際とは乖離した自己満足だと西垣隊長は言った。

「実際にやってみないとできない。だから、やるんだ！」

パイロットたちは、それに応えた。

「訓練の途中で当時の団司令が硫黄島での訓練状況を視察され、『気合を入れて訓練するように』との言葉を残して築城に戻られました。西垣隊長は『戦闘機乗りは強くあれ！』という信念をこのように示し、上司も了解のもとに具現していったのです」（高木氏）

しかし、こんな飛び方は航空法に抵触するのではないか。絶海の孤島の周囲に市街地はないので騒音問題にはならないが、すぐに硫黄島基地を管理・運用する海自からクレームがついた。

「皆さん、航空法をご存知ないのか?」

法令や規則は秩序維持と安全優先のためにある。でも実戦想定の訓練だ。アウトローでなければ大空の戦場では生き残れない。海自からはさんざん苦情が来たが、西垣隊長はやめなかった。

「硫黄島で騒音や法令抵触と言われたんですから、それは相当なもんでした」（高木氏）

基地運用を統制している海自の管理者の頭上すれすれをF-15が轟音を響かせ飛んでいく。我慢の限界を超える騒音だったのは、筆者には容易に想像がつく。

「やるべきことはやる」

これが今でもパイロットたちに語り継がれる西垣隊長の硫黄島移動訓練でのエピソードだ。だが、エピソードはまだある。西垣隊長はあくまでも実戦的な訓練を追求した。西垣氏に語ってもらった。

「今は決して珍しいことではなくなったけど、空中戦でラストディッチ・マニューバーをやるんですよ」

筆者は初めて聞く言葉である。約30年前の第304飛行隊のパイロットたちも聞いてはいても、やったことがなく同じ反応だったにちがいない。

「空中戦で危うくなって逃げる時はどうするか？　追っかけられて撃たれそうになった最後の場面で逃げ切る手段はあるか？　そんな時は海面に向かって650ノット（時速約1200キロメートル）で逃げるんですよ。ミサイルは下へ向けると射程が短くなる。逆に上に向かっていくのは射程が伸びる。だから、敵に追われた時、あるいは戦闘中に戦域を離脱する時は低高度へ高速でブアーッと一気に逃げるんです。これが『ラストディィッチ・マニューバー』。それを硫黄島で訓練させた」

——それはどんな訓練ですか？

「パイロットたちに『お前ら、マニューバー（戦闘機の機動）はいつも上空でやっているけど、戦闘は低高度でも起きるんだから、ここでは低高度の機動訓練をやる』。硫黄島の滑走路は離陸したら摺鉢山《すりばちやま》があるから、そこを400～500ノットで回ってこい。うまくできなかった者はもう1回だ、と指示しました」

摺鉢山は標高170メートル。少なくとも飛行高度が百メートル前後でないと、機影は隠れず、山の周囲を回ったことにはならない。

「皆がどうやればいいのかわからんと言うから、俺が見せてやると言った」

離陸後、摺鉢山を回り飛行場に戻る機動訓練、その後空域で空中戦の訓練をし、終了後「ラストディッチ・マニューバー」に入り、1万フィートの高度から一気に500ノットで海面近くまで降下、低高度で硫黄島を周回し、飛行場へ進入してきて、バーンと着陸する。そして、着陸態勢時に敵が接

ラストディッチ・マニューバーは低高度からの戦域離脱の手法。西垣隊長は手本を見せた。

近したとして着陸中止、そのままアフターバーナーで復航する。空母艦載機がやるタッチ・アンド・ゴーと同じ要領である。

「パイロットたちは10日間ほどの移動訓練ですごく成長するんですよ」

もともと腕のよいパイロットたちだ。見れば納得するし、やればできる。すると彼らはさらに次の段階を目指す。

「攻撃を避けるのを想定して海面近くを500ノットで飛ぶと言うから、それもやらせてみた」

硫黄島基地では海面を超低空で進入する機影は滑走路から見えない。帰投する第304飛行隊のF-15は海面上を滑るように飛んでくる。だから、着陸時は突然、地面から飛び出したように現れる。

「このような訓練をしないと、飛行機の本当の動かし方を習得できないわけですよ。ブルーインパルスのパイロットは地面を見て飛んでいる。F‐2のパイロットも地表や海面を見て飛んでいるんです。F‐15のパイロットは空を見て飛んでいる。それだけでは十分ではないです。海を見て訓練していないと空中戦の終盤で操縦ミスをする結果を招くんです」

なるほど、海に囲まれた日本で空自戦闘機パイロットが飛んでいる下は海だ。上ばかり向いて飛んでいるのでは危ない。きわめて合理的な発想である。

西垣隊長による実戦に即した指導は続く。

「空中戦でやられないためには、5Gかけたら、そのまま自分がかけたGを維持しろ、それが空中戦だぞと教えました。そういう飛び方を練習しないとあかん」

しかし、この訓練にも海自から規則違反のクレームがあり、相当怒られたと高木氏は言うが、西垣隊長は訓練を続けた。

「文句言われても構わん。だって実戦的訓練はここでしかできない」（西垣氏）

――もはや隊長が規則ですね。

「そう。やるべきことはやると言った。そうしたら相手は、ああそうですかと……」（西垣氏）

硫黄島基地の飛行管制は海自が担当しており、管制官も同基地での管制の資格を有する海自の要員が行なっている。しかし、海自管制官がふだんコントロールしているのは大型の哨戒機で、ジェット戦闘機のコントロールは不慣れだ。そこで隊長は部下のパイロットに命じて管制官を補佐させた。

「海自が仕切る管制塔では、われわれの訓練に適切な管制ができないから、うちのパイロットを入れるのを認めてもらった」

空自のパイロットが管制塔にいる。パイロットなら自分が飛んでいるから、戦闘機の飛び方は熟知している。

「だって、スピードが違います。500ノットですから。海自の管制官も慣れないコントロールではかえって危険なので補佐してくれということなったわけです」

この措置によって飛行管制は円滑になり、訓練はさらに活気づいた。

「皆、管制塔より低い高度を飛んでいくんですよ。初めのうちは地上にいる整備員も超低空で突進してくるF‐15に驚いて、ばたっと伏せたりしたこともありました」

まさに実戦である。こうして西垣隊長の第304飛行隊の硫黄島移動訓練は、かつてない白熱したものになった。

「ベリーサイドアタック」

1980年代の東西冷戦当時、旧ソ連は西側、とりわけ米国が開発した戦闘機に対抗すべく、ミグとスホーイは次々と新鋭機をデビューさせてきた。

F‐15と同時期の1970年代に登場したミグ23が相手ならば、F‐15は圧倒的に強かった。文字

ロシアや中国のスホーイ27は機動性が高く、F-15の優位性を脅かしてきた。

どおりF‐15は空を制していたのだ。ところが、1980年代半ばにスホーイ27が登場すると、F‐15の優位が脅かされてきた。

「瞬間的な空中戦能力ではスホーイ27のほうが勝っているということがわかってきたんです。さらにロシアの新型空対空ミサイルの能力も高いという情報が入ってきました。だから、われわれが現役の時代からF‐15の絶対的優位はなくなっていたんです」（高木氏）

日本が保有する約200機のF‐15に対して、ロシアや中国の数百機の戦闘機が攻めてくれば空自の数的劣勢は明らかだ。そこで西垣隊長はスホーイ27など強い相手にも勝てる手段を模索した。

「だから、これに負けないためにはどうするか？　数的には劣勢だけど、ある時間、ある瞬間、2対1に追い込んで落とすんだ」

この西垣隊長の言葉を聞いた部下のパイロットたちは、その真意を理解できなかったという。

「2対2の格闘戦で2対1の状況にするのは、とても難しいんです。さらに敵機を撃墜するんですよ」（高木氏）

F-15とスホーイ27が2対2で戦えば、勝負がつかないか、F-15が撃墜される可能性が高い。しかし、ここである戦術を用いれば対等以上に戦える。それは1機が囮になることで、スホーイ27のパイロットは必ず落とせると判断して空中戦を挑んでくる。そこに勝機があると西垣隊長は考えた。

F-15の2機編隊とスホーイ27の2機編隊が同じ高度で相対して、空中戦が始まったとする。空中戦訓練では対等戦と呼ばれる。彼我はお互いに優位な位置を占位しようと旋回機動に入る。その時、敵機のどちらかが操縦ミスなどでわずかにGがゆるんで外側にはみ出したとする。（次ページの「ベリーサイドアタック」の図参照）

「すかさず西垣編隊長（A）は、あの機（D）を狙うと2番機（B）に伝えてくるんです」（高木氏）

そして西垣隊長機は急旋回の途中で、すーっとGを抜く。すると、敵機スホーイ27の1機（C）が「あっ、Gを抜いたから、このF-15はやれる！」と思って、グイグイと隊長機に迫っていく。隊長機はあえてこの敵機を内懐に入れる。敵機に「もうちょっとで、このF-15を撃墜できる」と思わせて引きつけるのだ。

「その間、2番機（B）は、敵機（D）にプレッシャーをかけ続けます」（高木氏）

ベリーサイドアタック

❶

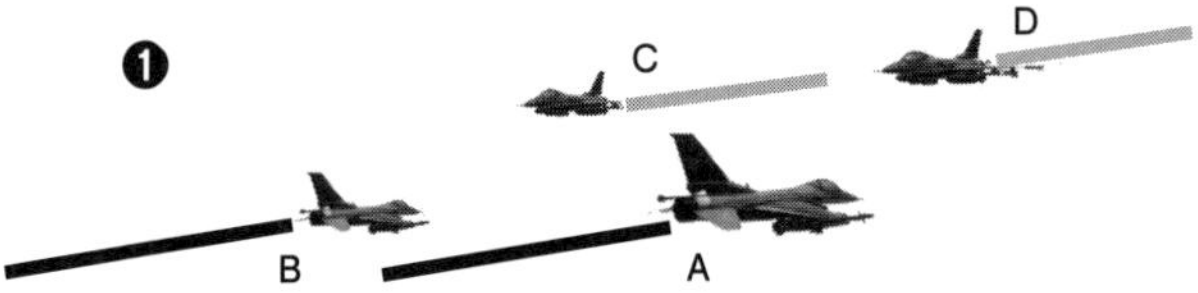

A・Bの２機編隊が敵C・D２機と遭遇

❷

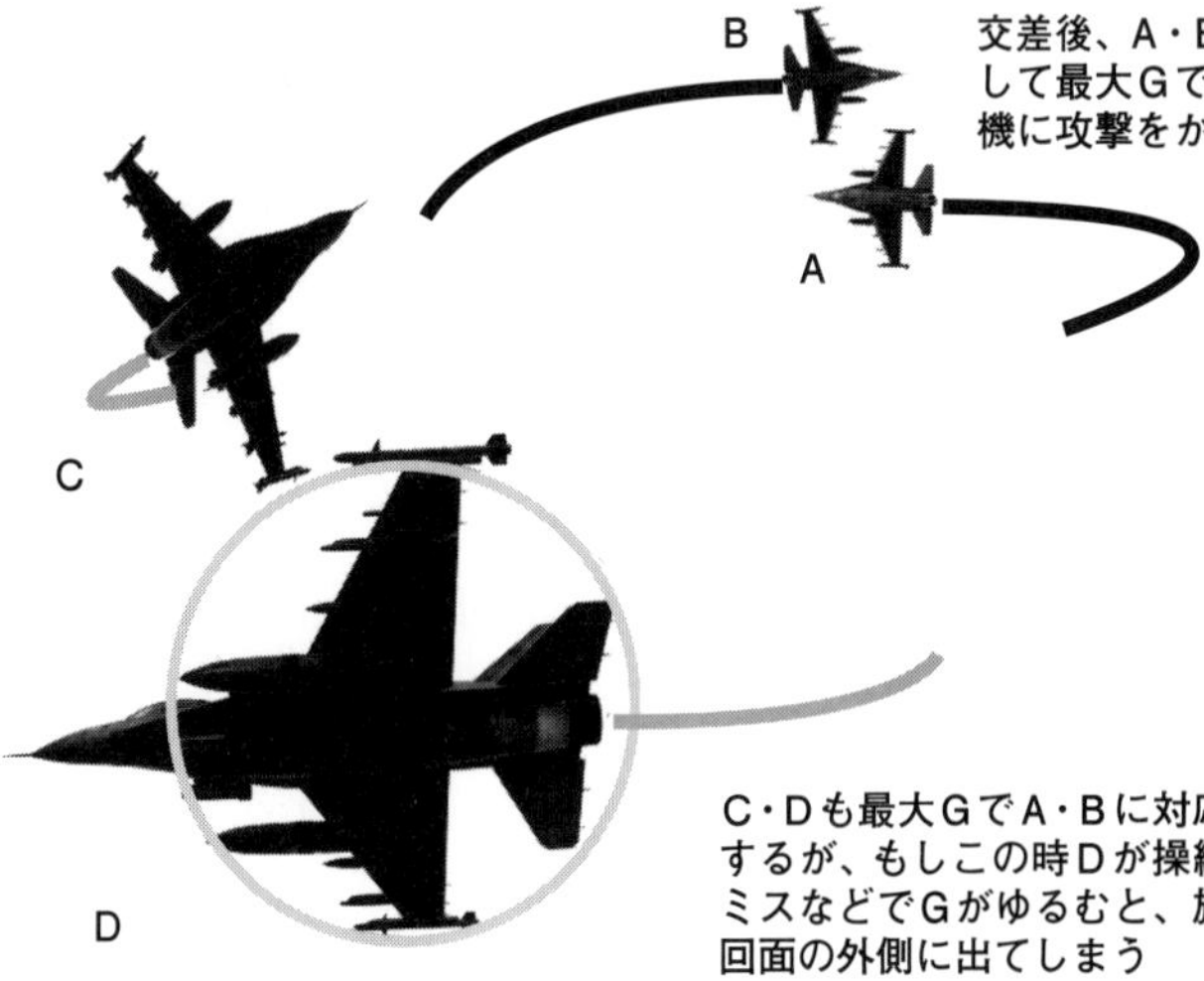

交差後、A・Bは反転して最大Gで敵C・D機に攻撃をかける

C・Dも最大GでA・Bに対応するが、もしこの時Dが操縦ミスなどでGがゆるむと、旋回面の外側に出てしまう

この瞬間、A・Bの攻撃目標はDとなる。Bは引き続き最大GでDにプレッシャーをかける。AはCから攻撃されるギリギリを見極めながらわずかにGをゆるめてDの旋回面の外側を目指して機動する

隊長機（A）は敵機（C）からミサイルを撃たれないギリギリの機動に努め、敵機（D）の機動の外側をとり、攻撃のタイミングをはかる。

2番機の接近に気をとられている敵機（D）は、外側を機動する隊長機（A）に気づかない。この瞬間〝2対2の数的同等の中で瞬間的に数的有利〟の状況が作り出されている。

「敵機（D）が腹を見せているところを外側から隊長機（A）が撃ちます」（高木氏）

敵機はF-15が放つヒートミサイルか20ミリ機関砲で撃墜される。

そして囮を演じていた隊長機（A）に接近する敵機（C）を外側から2番機（B）が撃墜する。

「これがベリーサイドアタックの基本です。西垣隊長は『スホーイ27を撃墜するにはこれしかない』と言っていました」（高木氏）

剣術の極意の一つである〝肉を切らせて骨を断つ〟を空中戦で発揮する瞬間だ。

「これは『言うは易く行なうは難し』なんですよ。もともとT-2の飛行教導隊で確立されていた戦法で、F-15の飛行教導隊もこの戦法を使用していました。教導隊はわざとこの状況を作為して、訓練を受けるパイロットが攻撃してこないと『君はここでベリーサイドアタックができたのに、なぜそうしなかったのか？』と訓練後のブリーフィングで指摘されます。しかし、F-15の運用初期にこの戦法をF-15の部隊訓練に採り入れたのは西垣隊長がたぶん初めてだと思います」（高木氏）

飛行教導隊が全国のイーグルドライバーに「ベリーサイドアタック」を伝授した。以前、F-4の

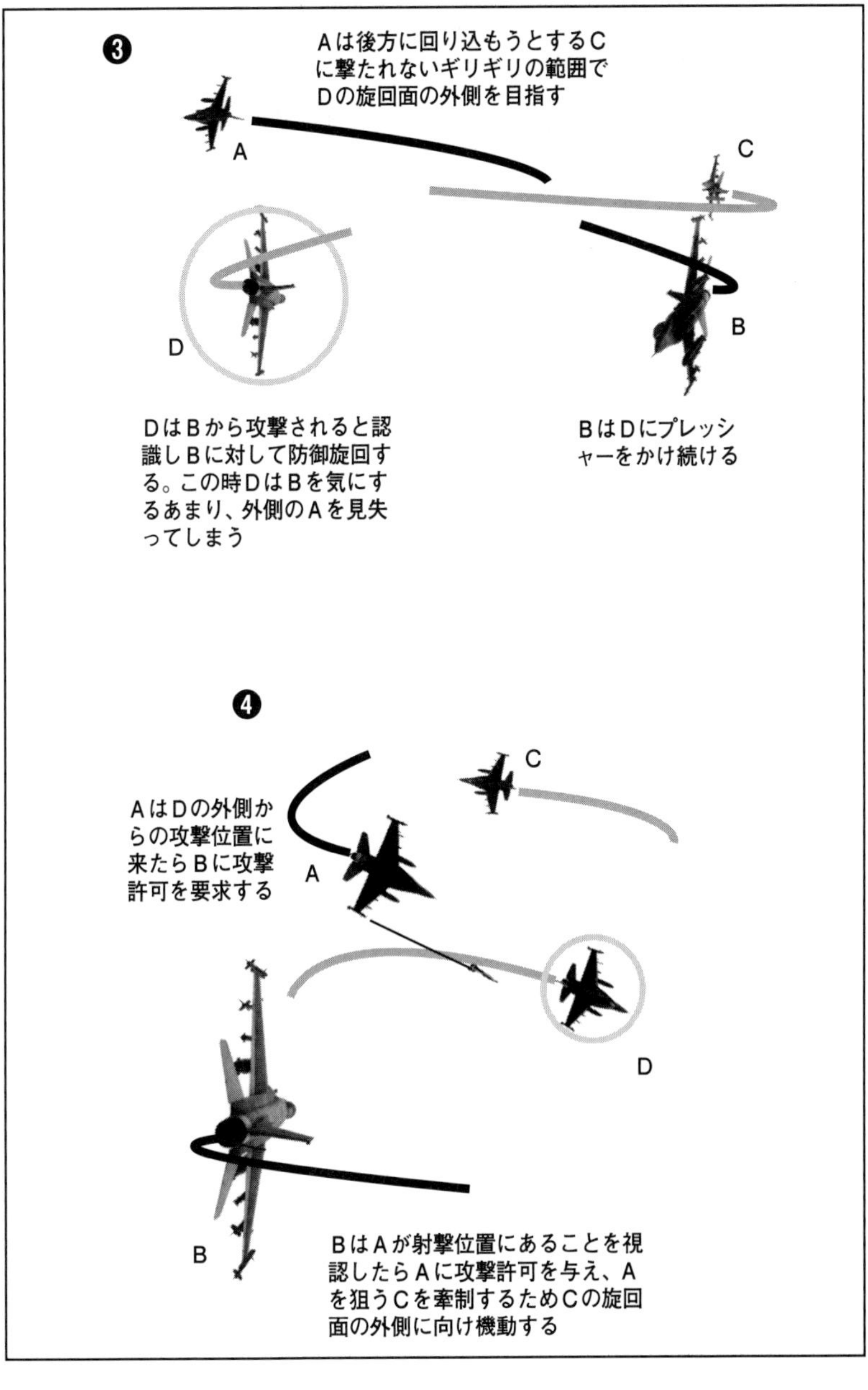
❸
Aは後方に回り込もうとするCに撃たれないギリギリの範囲でDの旋回面の外側を目指す
A
C
D
B
DはBから攻撃されると認識しBに対して防御旋回する。この時DはBを気にするあまり、外側のAを見失ってしまう
BはDにプレッシャーをかけ続ける
❹
C
AはDの外側からの攻撃位置に来たらBに攻撃許可を要求する
A
D
B
BはAが射撃位置にあることを視認したらAに攻撃許可を与え、Aを狙うCを牽制するためCの旋回面の外側に向け機動する

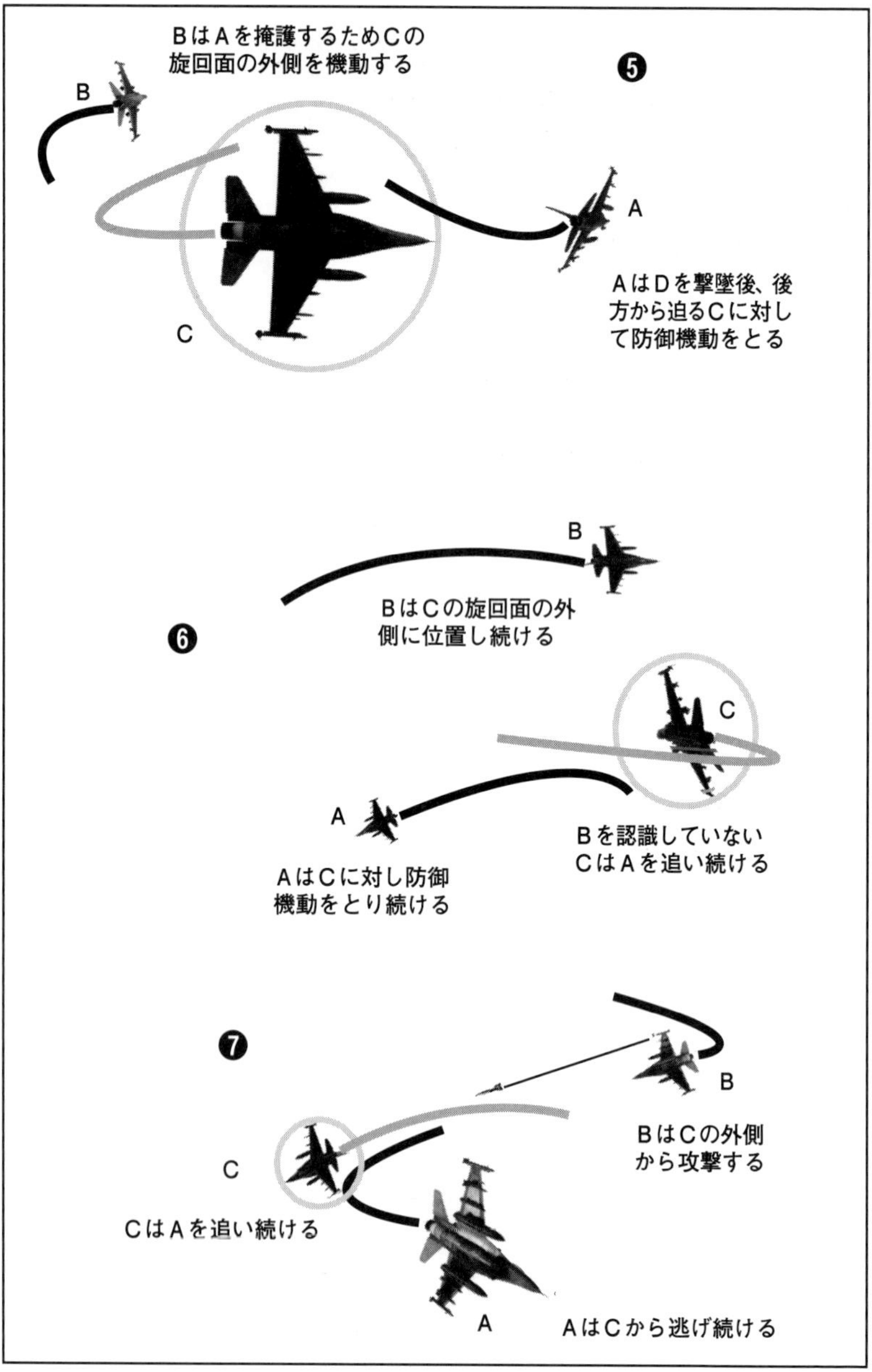
BはAを掩護するためCの
旋回面の外側を機動する
❺
B
A
C
AはDを撃墜後、後
方から迫るCに対し
て防御機動をとる
B
BはCの旋回面の外
側に位置し続ける
❻
C
A
Bを認識していない
CはAを追い続ける
AはCに対し防御
機動をとり続ける
❼
B
BはCの外側
から攻撃する
C
CはAを追い続ける
A
AはCから逃げ続ける

ファントムライダーたちを取材した時、空中戦の得意技を聞くと「ベリーサイドアタック」と答えたパイロットがいた。おそらく、F‐4でF‐15を落としたのはこの戦法だったのかもしれない。性能に劣る戦闘機が高性能機に勝つ方法の一つなのだ。

「今はミサイルが後ろの目標にも飛んでいく時代なので、このベリーサイドアタックは、もはや有効ではなくなったでしょうね」（高木氏）

空中戦の戦技・戦法は日々進化する。しかし、ここにも真実が一つ隠れていた。

「このベリーサイドアタックを考えたのは飛行教導隊です。私がやる前から、このテクニックは教導隊で編み出していました。戦い方は飛行機の性能で決まるじゃないですか。だから、彼我の性能の境界をどうやって見極めて戦うかを理論的に学んでいかなければいかんのですよ」（西垣氏）

しかし、かつての第304飛行隊の部下たちは、西垣隊長の発案と今でも信じている。

グリッド式エリアコントロール

航空総隊戦技競技会（通称、戦競）は、年に1回、空自の全戦闘機部隊が参加して、各隊対抗の競技会形式で空中戦の戦技を競う実戦的な訓練だ。

各飛行隊から予備機1機を含む計5機に、複座のF‐4ならば10人、F‐15ならば5人の選抜されたパイロットが出場する。

1992年10月、西垣隊長は第304飛行隊の猛者5人を率い、戦競に臨んだ。この時、高木1尉は候補者であったが、先輩パイロットが出場した。もちろん狙うのは全機撃墜、完勝での優勝だ。

この時、西垣隊長はある工夫を採り入れた。それは「グリッド式エリアコントロール」（次ページのイラスト参照）と呼ぶ空中戦の統制方式だった。

「隊長から『グリッド式でやります』と言われたのですが、皆、最初は意味がわかりませんでした」（高木氏）

西垣隊長は、空中戦の訓練空域をひとコマ10マイルのグリッドの升目に区切った。そして升目をアルファ（A）、ベーター（B）、チャーリー（C）、デルタ（D）……の符号と1から順の数字による座標を設けた。

敵味方機が入り乱れる空中戦のさなか「現在、チャーリー2で交戦中」とか「敵機、デルタ3に入った」というように、無線で空域内の彼我の位置を容易に伝達、確認するためだった。

「ある時点で自機がデルタ3の隣のチャーリー2にいる。そこに『敵機、デルタ1に入った』と情報が入ると、その直後には敵機は真横に達していて、もう迎撃が間に合わないんですよ。自機がチャーリー3にいれば、斜めに行ってデルタ2の座標で迎撃できるわけです」（高木氏）

この配置と動きの把握を第304飛行隊のパイロットたちは、雨天時に体力錬成として行なうサッカーで徹底的に鍛えられている。

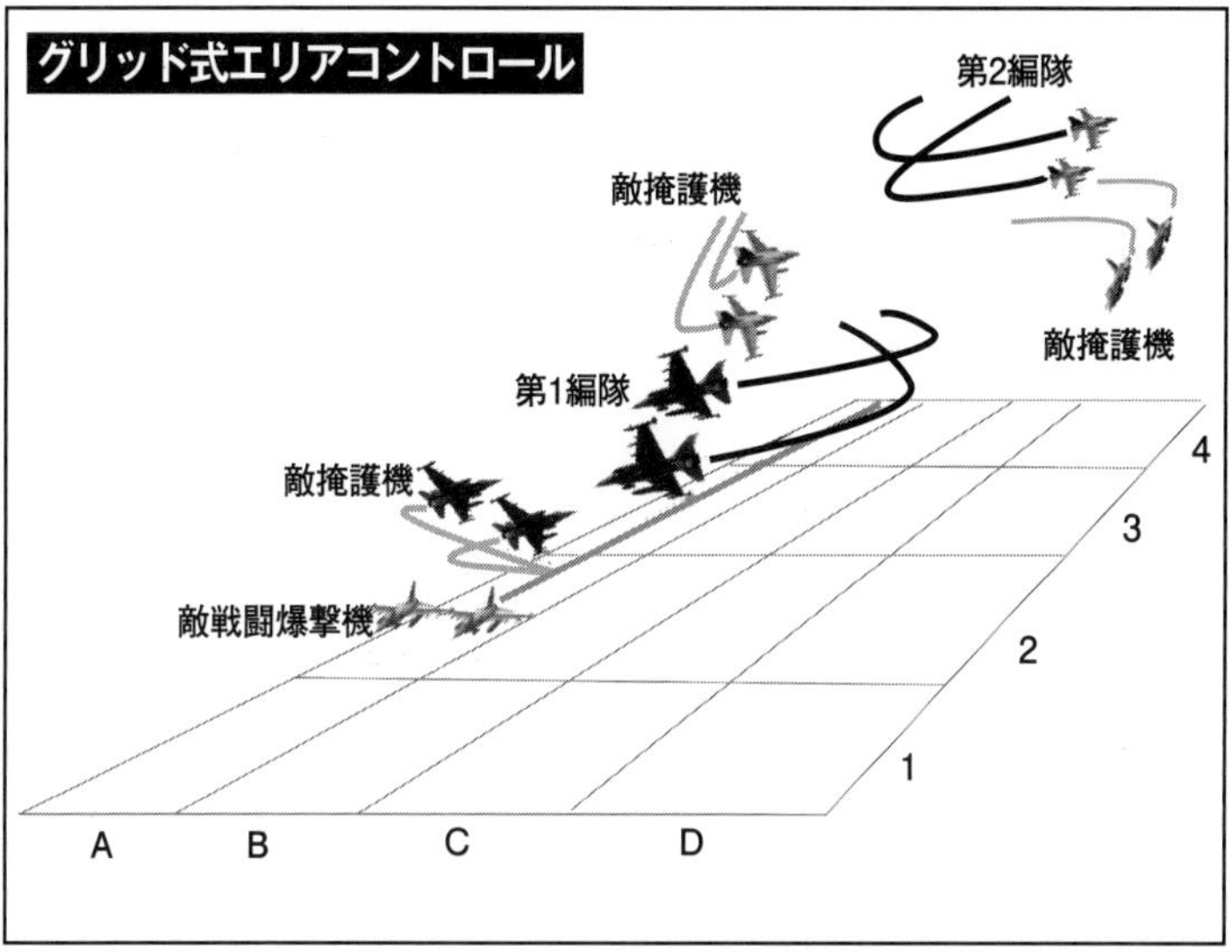

「サッカーと同じです。守りの時はゾーンディフェンス。攻撃の時はゾーンオフェンスで動くんです。地上でのサッカーとちがうのは、空中では上下左右、前後に数万フィート、三次元の動きになることです」（高木氏）

そして、いよいよ訓練が開始された。この時のシナリオは、第304飛行隊のF‐15の4機編隊が地上の重要目標の爆撃に来襲する敵機を阻止するのが任務だった。

仮設敵機は戦闘爆撃機役のF‐1戦闘機2機とRF‐4偵察機2機。その4機を護衛するのが、飛行教導隊のアグレッサー、F‐15DJ6機だ。敵機はどうのようにやって来るかは知らされていない。

訓練が開始されると、まずジャミングポッド（電波妨害装置）を搭載したRF‐4偵察機2機

訓練空域を10マイル四方のグリッドに区切る訓練は画期的だった。（高木博氏提供）

が妨害電波を出しながら、戦域の強行偵察に飛来する。

偵察航空隊第501飛行隊のRF-4は高度3万6千フィートをマッハ1・6で飛来する。これを迎撃するのは4機のF-15。正面から会敵してレーダーミサイルで攻撃しようにも、敵機の速度がマッハ1・6では無理だ。しかも電子妨害によりF-15のレーダーでもロックオンできなかった。そこで、F-15はフルアフターバーナーで機動して、RF-4の後方に占位する。そしてF-15はヒートミサイルで攻撃を試みる。すると、RF-4はヒートミサイルを欺瞞する囮の熱源のフレアを撒き散らして逃げる。

「このRF-4に時間かけて手こずっていると、アグレッサーのF-15DJが6機やって来て、われわれが落とされます。しかもその間に戦闘爆撃機役のF‐1は目標上空に到達して、爆撃を完了してしまうわけです。偵察任務ながら、囮の役割もしているのが、このRF‐4なんです」（高木氏）
だいたいの飛行隊はここで負ける。しかし、西垣隊長の第304飛行隊はちがった。
「われわれは隊長直伝のダブルピンサー（相手を挟撃する）で、まず2機のRF‐4をあっという間に落とします」（高木氏）
すると、西垣編隊は隙を狙って接近中のアグレッサーF‐15DJ編隊に対処する時間が得られる。
「そのアグレッサー編隊4機と中距離戦闘をやるわけですよ」（高木氏）
アグレッサー編隊は6機のはずだが、4機だ。
「2機のF‐15DJは戦闘爆撃機2機の護衛についているんです。このような情報は地上の要撃管制官から伝えられます」（高木氏）
2機のF‐1は訓練空域に設定されている、あるラインを突破すれば攻撃成功と見なされる。西垣編隊はアグレッサー編隊との中距離戦闘にもたもたしていられない。
「われわれはサッカーでラインを防御する行動を身につけていますから」（高木氏）
日頃の体力錬成の効果は空中戦でも役に立つ。西垣編隊はアグレッサー編隊との中距離戦闘で敵のレーダーミサイルをどんどんと消費させる。
「このアグレッサー編隊の4機は、必ずしも撃墜しなくても、とりあえず排除しておけばいいんです。隊長はここでも考えていて、迎撃方向に対して左から風が吹いていると左旋回、右からの風には右旋回して、風で座標内から流されないようにして戦っています。敵戦闘機をいなしながら、最終的な目的はF‐1編隊2機の撃墜です」

ここで要撃管制官から情報が次々と入ってくる。西垣編隊はどの座標に入れば、F‐1編隊を要撃できるか心得ている。ここで、西垣隊長はスホーイ27撃墜の秘策〝瞬間的な数的有利の術〟を使う。

以下は事前訓練での様子である。

アグレッサー編隊のF‐15DJ4機に対し、隊長機と2番機だけでこの状況を作り出す。その瞬間、西垣隊長から3番機の高木1尉に無線が飛ぶ。

「ブー（高木1尉）、そのDJ、一撃離脱だ！」

高木機は指定されたF‐15DJを撃墜する。直後、高木機は4番機とともに格闘戦から離脱。その高木編隊を追おうとしたF‐15DJを西垣編隊が次々と落とす。

「よし！落とした。ダッシュだ！と、2機のF‐1編隊を迎撃する座標に向かいます」

すると、F‐1編隊を護衛していた2機のF‐15DJが高木編隊に格闘戦を挑んでくる。これを高木編隊は囮になって引きつける。そして、後ろの死角から隊長機が突然現れて、F‐15DJを2機立て続けに落とす。西垣編隊はそのままフル加速して、2番機がF‐1編隊を次々と撃墜する。

「隊長はこの2機のF‐1を落とすために、4発しかないヒートミサイルを温存してあるんです。自機

の搭載している弾数を考えながら指揮して、状況をコントロールする。凄い戦いでしたよ」（高木氏）

しかし、この戦競で第３０４飛行隊は優勝を逃した。飛行教導隊は戦競では対抗部隊の行動を模擬するのが目的で、パイロットへの個別の訓練指導ではないので本気で空中戦をやらない。優勝した飛行隊はこのＦ‐15ＤＪを６機すべて撃墜して得点を稼いだ。

西垣編隊は４機撃墜、この差で負けた。だが、西垣隊長の飛行教導隊との対戦はここで終わらなかった。

飛行教導隊の巡回教導

高木氏は現役時代のおよそ四分の三にあたる12年間、第３０４飛行隊に在籍した。その間、築城基地にやって来た飛行教導隊の巡回教導の訓練を何度も経験している。ここでは指導される側から見た飛行教導隊とその訓練の様子を高木氏に説明していただこう。

「まずフライトだけでなく、事前のブリーフィングで口述試問があるんですよ。旧ソ連・ロシア空軍、中国空軍の戦闘機と搭載ミサイルの性能や数をこと細かに質問されるんです」

これらの事項は防衛秘密に属する情報で、それらを記した冊子は航空団司令部の金庫に保管されている。教導隊が来る前に冊子は特別に金庫から出され、訓練に参加するパイロットたちはそれを閲覧する。紙に印刷されて配られるわけではない。メモも禁止、内容はすべて頭に叩き込む。

教導訓練の前日、派手な塗装の教導隊のF‐15DJが基地に飛来する。

ブリーフィングルームには指導を受ける4機の訓練編隊を率いるフライトリーダー（FL）が、僚機のウイングマンら3人とともに着席、緊張の面持ちで待っている。

「この時のFLは飛行隊の中でも優秀な空中戦指導の有資格者だったんですよ」

そこに教導隊のパイロットたちが部屋に入ってくる。それぞれ飛行時間数千時間の猛者たちだ。彼らが壁際の椅子に座るとブリーフィングが始まる。

指導を受けるパイロットの前に教導隊の一人が着席して尋ねる。

「それでは質問します。〇〇3尉、ロシアの戦闘機〇〇の性能は?」

ここで不正確な回答をすると、壁際に陣取る強面たちから「オイオイオイ」「あれあれあれ」などと、ヤジとも失笑ともつかないブーイングが上がり、揚げ足を取られる。

飛行隊のウイングマンは「えー、それはこうです」「すみません、そのー、これこれではないかと……」と、困惑しながら回答を続けるが、もはや冷静さを失っている。

「それがひととおり終わると、教導隊のパイロットの一人が『では、フライトに行きましょうか』と切り上げて列線に行くんですよ。で、またここからが怖いんです」

飛ぶ前からビビって答えを間違えたウイングマンが小声でFLに謝りにくるが、すでに緊張はマックス状態である。

すでに地上で全機撃墜？

第３０４飛行隊の訓練編隊４機のＦ‐15がエンジンをスタートして、滑走路へタキシングを開始する。

「エルダー01、チェックイン」。訓練機の編隊長がコールする。すると僚機から次々と「２、３、４」と張りのある声でてきぱきと応答が入る。

高木氏は説明を続ける。

「地上の交信周波数が教導隊と同じなんですけど、これがまた、緊張を増幅させるんですよ」

次は教導隊の編隊長の低い声が響く。

「アグレッサー、チェックイン」

教導隊の編隊からは、すぐに応答は来ない。

やがて、「ツー」「スリー」……「シックス」と、地獄の底から湧き上がるような応答が続く。

「もう、これを聞いているだけでビビるんです」

４機の訓練編隊は整然としたタキシングで滑走路に向かうが、教導隊機は余裕と強さを誇示するようにバラバラと進んでいく。まるで「おれたちをナメるなよ」とアピールするかのようなタキシングである。

そして、離陸も訓練編隊はフォーメーションテイクオフできれいに離陸していったが、続く教導隊機はゆっくりと余裕たっぷりに離陸していく。

「その様子は、ただならぬものがありました。見ているだけで強い！と思わせる離陸でしたね」

このあたりの感覚はパイロットにしかわからないものだろう。この離陸までの過程で精神的に訓練編隊は全機撃墜されたも同然になっている。

フライトから戻ると、すぐにデブリーフィングが始まる。空中戦訓練の結果の反省会だ。

「まず、それぞれ自機のガンカメラが記録したビデオを見て機動図を描きます。そして4人が頭を突き合わせて、自機の動きと戦闘の経過をホワイトボードの16コマの升目の中に描き込んでいきます。ここで1機撃墜、ここでこうなって戦域を離脱。そして4人が納得すると、FLが教導隊のパイロットに『準備できました』と報告するんです。すると、部屋に教導隊のパイロットたちがやって来ます」

教導隊パイロットたちは、定位置の壁際の椅子に布陣。そして訓練編隊のFLが空中戦の経過説明を始める。

「よろしくお願いします。戦闘の経過は、この位置でこうなって、この目標機を撃墜して……」

FLは不安いっぱいの面持ちで説明を続けるが、教導隊パイロットは「ほぉー」とか「それで……」と無表情に反応するだけで、次第にFLの説明はしどろもどろになる。すると、教導隊パイロットが赤ペンで修正を開始する。

迷彩が施された教導隊のF-15DJは強く見える。F-15どうしの訓練では相互識別の目的がある。

「……われわれの位置はここだったから、君の位置はここではなく、ここです。だから撃墜したというのは間違い。その前に君がここで撃墜されています。ここでね」

FLが説明したタイミングよりも前に自機が教導隊に撃墜されていたことが判明する。FLのメンツは丸潰れとなる。

「とにかく、教導隊のパイロットはおそろしく強い人たちばかりなんです。とくに目視能力が高い。40キロ先のF-15をはっきり視認していますから……」

このような訓練指導が10日ほど続いて、教導隊は基地を去っていく。その夜、訓練でことごとく撃墜判定されたパイロットたちは、心にモヤモヤを抱えたまま残念会を開くが、酒席は一向に盛り上がらない。

「やられっぱなしだった皆は『だって、しょうがないよなー』と愚痴ばかりでしたね」

真剣勝負の空中戦だった

「当時、飛行教導隊の飛行班長は、かつて西垣隊長が育て鍛えたパイロットの一人でした」と高木氏は言う。

ふつう飛行隊からすれば、飛行教導隊の巡回教導はいわば〝稽古をつけていただく〟という感覚だ。つまり、生徒が師匠にご指導を乞う姿勢だが、西垣隊長率いる第304飛行隊では、そんな雰囲気はまったくなかった。

訓練後のブリーフィングで、教導隊パイロットが「ここでミサイルを撃った」と言うと、西垣隊長からすかさず物言いがつく。

「おい、ちょっと待て、それはどこの情報だ？　ロシアの戦闘機は今、そんなミサイルの撃ち方をしてくるのか？」

このひと言でブリーフィングルームに緊張が走る。

「私は第304飛行隊で何度も巡回教導を経験しましたが、飛行隊長が教導隊の指導に反論して静かになったのはあの時だけです」

第304飛行隊にやって来た教導隊は、ほかの飛行隊同様、徹底的に圧倒してやろうと思っていたにちがいない。だが、西垣隊長の放ったカウンターミサイルが、教導隊を教導の考え方の原点に引き戻した。

西垣隊長は教導隊の巡回教導をどのように見ていたのだろう。部下たちには教導隊との訓練について何か特別な指示をしたのであろうか。

「全機やっつけろと言われました。われわれの戦い方をもってすれば、教導隊なんか怖くない。もちろん、それを聞いて皆燃えました」（高木氏）

訓練後のデブリーフィングも緊張感が漂っていた。西垣氏は述懐する。

「私の前だからか知らんが、教導隊のパイロットたちは緊張していましたよ。『それはちがうやないか？』と彼らの誤りを指摘すると『あ、すいません』という感じでした。教導隊は敵機の戦法を模擬して教示して教導せなあかん。それの対処要領を飛行隊に指導するのが任務だからね」

それをしなかった教導隊へ西垣隊長が苦言を呈したのだ。教導隊が創設されて40年近くなるが、指導した飛行隊の隊長に教導隊が詫びを入れたのは、おそらくこの一度だけであろう。高木氏によると、その時の西垣隊長は怒っていた。その理由を尋ねた。

「教導隊のメンバーは空中戦の勝ち負けにこだわっていたからですよ。教導訓練の目的や本質はそこではないからです」

教導隊は西垣隊長の第３０４飛行隊の全機撃墜を目指していたのだ。対する第３０４飛行隊も負けるわけにはいかない。その時はお互い真剣勝負の空中戦だったのだ。

西垣隊長が目指した日本一

空自には即応能力を維持向上させるため、態勢移行訓練という不定期に全飛行隊で行なう訓練がある。この訓練は早朝に始まる。

午前5時頃に官舎のベルが鳴る。すると、飛行隊の全員は自転車に乗って基地に駆けつける。そして最短時間で稼動中の全戦闘機に20ミリ機関砲弾900発、ヒートミサイルとレーダーミサイルを合せて計8本のフル武装を搭載、燃料も満タンにしてエンジンスタート。これで発進態勢が整う。ここまでの時間を全国の航空基地で計測して競い合うのだ。

ここでも、負けず嫌いの西垣隊長は開口一番、飛行隊の全員に宣言する。

「日本一を目指しますぞ。皆がんばろう！」

もちろん、高木氏もこの訓練に何度も参加している。

「前夜はフライトスーツを着たまま、玄関で寝るんです。それでスクランブルじゃないですけど、ベルが鳴ると同時に飛び起きて、全力で自転車のペダルをこいで基地に駆けつけるんです」

官舎を出てからF‐15のコックピットに座るまで5分が目標だ。高木氏が到着した時には、すでに飛行隊の待機所の脇に自転車が数台折り重なるように乗り捨ててある。しかし、じつは誰も一番乗りにはなりたくないのである。

「一番乗りは隊長機のF-15の状態をチェック、エンジンを始動して、カット。エンジンのウォーミングアップをしてから降りないといけない。だから自分の準備は後回しになるんです」(高木氏)

一番乗りを狙わないのには、ほかにも理由がある。

「皆は二番目に到着して、隊長から直接指導してもらえる2番機、ウイングマンで飛びたいんですよ。そのあたりのせめぎ合いは空中戦なみの地上自転車レース戦です。次に2機編隊長資格をもっている連中が狙うのが、4機編隊で西垣隊長といっしょに飛ぶ3番機。ここはベテラン勢の奪い合いです」(高木氏)

知らないうちに飛行隊全員に西垣隊長の負けず嫌いの性格がうつってしまっていたのだ。

さて、西垣隊長が目指した日本一になれたのだろうか。

「皆、日本一は当然だろうって思っていましたが、やってみたら遅かったんですよ。それで明日もう一回やり直しとなって、その後は毎週のようにやりました」(西垣氏)

そのおかげもあって、第304飛行隊は、その後長く日本一の座を守り続けることになった。

そして、1993年8月、西垣隊長は第304飛行隊を離任。もう一つの〝鷲神〟伝説は終了した。

戦技研究チーム

米空軍、米海軍には、選ばれた戦闘機乗りにハイレベルな技術と知識を教育訓練するファイタ－ウェポンスクールという課程がある。映画『トップガン』の舞台となった学校だ。後述するが、同様の課程は空自にもあり、１９９０年代は新田原基地で飛行教導隊が、現在は小松基地の第３０６飛行隊がこれを担任している。高木氏もこの課程に入校している。以下、高木氏に説明していただこう。

「私の時は各飛行隊から選ばれたパイロット四人と要撃管制官二人の計六人でした。新田原基地で6か月間訓練を受けました。ここを修了すると、イーグルドライバーとして評価が高くなるんですよ」

訓練の内容はあくまでも実戦に即したものだ。たとえばF‐1をエスコートするという課題が与えられて、その作戦を立案し、実際に飛行教導隊や新田原基地の第２０２飛行隊の教官たちを相手に空中戦の訓練を行なう。

「当時は戦技研究チームでした。上から研究課題を与えられて、それに沿って、われわれがフライト計画を立案して、実際に飛んで検証します。要撃管制官の一人が春日（福岡県）の防空指令所から要撃誘導を行ない、もう一人はF‐15DJの後席に乗る。そして六人がチームになって戦います」

当時のウェポンスクールは、優れたパイロットと管制官のチームが自由に研究する場だった。研究は戦技に関する理論的な構築から始まる。結論はこうなるのではないかと仮説を立て、それ検証するためにフライトする。このフライトで次の課題を発見し、またフライトで検証する。

当時、F‐15のフライト約1時間の燃料代は、およそ三百万円。10機飛べば燃料代だけで三千万円の経費がかかる研究である。

「本当に贅沢なもんで、1機100億円の戦闘機を自由に使わせてもらい、燃料もふんだんに使って、自分たちの好きなように計画して飛びましたから。そして『この課題では検証の結果、こうなったので結論はこれです。なので、このような戦い方を提案します』という戦技研究論文を執筆して提出する。それが認められれば卒業となる。私たちの時の課題は『掩護戦闘』でした」

それは当時の空自の任務に重要な課題だった。机上だけで考える研究ではなく、戦闘機パイロットに研究させるところに、巨額な経費を使う意味がある。課題のシナリオは要約すると次のとおりだ。

――日本本土に侵攻を企てる敵海軍艦隊が海上を押し寄せてくる。これを阻止するためF‐1支援戦闘機（現在は支援戦闘機の名称は廃止され、対艦対地攻撃任務にはマルチロール機のF‐2戦闘機が主として充てられる）が対艦攻撃に向かう。しかし敵艦隊の上空は航空優勢を確保しようとする敵戦闘機部隊が飛んでいる。このままでは、戦闘機の護衛のない支援戦闘機部隊は丸裸だ。そこで、敵戦闘機の航空阻止の一環としてF‐15戦闘機部隊が、空対艦ミサイルを搭載したF‐1支援戦闘機部隊を守る。敵戦闘機部隊はスホーイ27が6機。空自はF‐1が4機、F‐15が4機の陣容だ。

このような任務達成の可否はやってみないとわからない。だから、高木1尉ら6人が、これを研究し、実際にフライトで検証して、任務達成に最適の戦術、戦技を編み出す。

「敵艦隊阻止に向かって低高度で洋上を飛ぶF‐1をF‐15でどうやって守るかという課題でした」

当時、通常の演習や訓練では、F‐1は空対艦ミサイルを発射する直前でシナリオは終わる。しかし、出された課題は空対艦ミサイルを放ったF‐1が無事に基地に戻るまで守らなければならなかった。

「この一連の流れを当時保有していた兵器体系でどうやるのがいいのか？　どんな戦いが妥当なのか？　それを研究するんです」

出された課題の条件には、すでに敵艦隊上空の航空優勢は6機のスホーイ27に握られている。そこに攻撃に向かうF‐1をF‐15で守らなければならない。当時はアグレッサー部隊の6機のT‐2が、2機のF‐15をあっさり落としていた時代だ。

スホーイ27役のF‐15を操る第202飛行隊の教官はベテランばかり。飛行教導隊のアグレッサー出身の猛者もいる。手抜きは一切ない。実戦同様の闘志をむき出しに、掩護機のF‐15に襲いかかって来る。

「F‐1は海上10メートルくらいの超低空を飛んでいます。だから、敵艦艇の対空レーダーには捕捉されない。しかし、それを守るF‐15の飛行高度は交戦訓練のルールで、1万フィート（約3000メートル）、練度の高いパイロットで5000フィート（約1500メートル）とされています」

そうすると、敵艦隊の対空レーダーを演じる要撃管制官はF‐1を守るF‐15をすぐに発見し、スホーイ27を演じる6機の要撃誘導を開始する。

高度2〜3万フィートを飛ぶスホーイ編隊は、餌を見つけたシベリア狼のように舞い降りて来る。そして、あっという間に4機のF‐15を撃墜。そのままの勢いで4機のF‐1も簡単に海に叩き落とす。

高木1尉ら6人のメンバーは、そんなことはフライトするまでもなく、わかっていた。論議はいつも一つのところに行き着いた。

「F‐1と同じ土俵にF‐15が下りるのか？　そのまま上にいるのか？」

6人は頭を抱えた。F‐1は敵艦隊に向かって低空を飛ぶ。そこでは高機動する余裕はない。守るF‐15は高機動をして戦う。

高機動できる限界の最低高度が5000フィートと定められている。この高度では、すぐにレーダーに捉えられ、スホーイの餌食になってしまう。

「これでは研究にならないね」

高木1尉は言った。しかし、彼らは選ばれた戦闘機乗りだ。しかも高木1尉は西垣隊長率いる第304飛行隊からやって来ている。

支援戦闘機の護衛任務完遂

課題研究に取り組んでからしばらく経ったある日の検証フライト。高木1尉乗機のF‐15は操縦桿から手を放してもいいんじゃないかと思うくらいの安定した飛行をしていた。

左右には3機の僚機F‐15がブルーインパルスの曲技飛行よりも間隔が狭い密集隊形で飛んでいる。西垣隊長直伝の極意の一つ、4機がレーダー上では1機に見える超密集隊形だ。

高木1尉は翼下に見える海面すれすれ高度10メートルを飛ぶF‐1支援戦闘機の4機編隊をチラリと見やった。F‐1が大きく見えた。それもそのはず、密集隊形のF‐15掩護編隊は高度60メートルを飛んでいる。

「じゃー、黙ってやろうか」

じつはこの数日前、メンバーの一人から出たひと言でこんな超低空飛行をやることが決まった。

「大気密度は下に行くほど高くなります。だから飛行中の機体がものすごく安定するんですね。旅客機だと高度1万メートルでフワーンと飛んでいる感じがありますがそれがない。空気が濃いなーというのを実感できます」

第304飛行隊1尉時代の高木氏。航空ヘルメットにタックネームの「BOO」の文字が見える。

もし西垣隊長が目撃すれば、この攻めの姿勢の飛行を高く評価してくれたにちがいない。

高木1尉は時々、レーダーを操作して、スホーイ27を演じる6機の敵編隊に高木1尉らのF‐15掩護編隊が接近しつつあるのを確認した。やがて、敵編隊が目視確認できた。敵機はこちらが見えてない。掩護編隊は敵編隊をぎりぎりまで引きつけた。そして、リーダーが各機にコールする。

「せーの、ドン！」

これを合図に密集隊形の4機のF‐15は一気にブレイクすると、フルアフターバーナーで急上昇する。そして、敵編隊機の腹部に向けて襲いかかった。同時に4発のミサイルが放たれる。そして、あっという間に敵機を4機撃墜する。残った2機は逃げる。2機になると、もう向こうはかかってこない。

しかし、仕事は終わりではない。F‐1編隊を無事、基地に帰還させないとならない。掩護編隊のF‐15はF‐1編隊の帰投経路を知っている。そこに敵の2機を接近させないのが任務だ。ここでも西垣隊長直伝の空戦術が冴える。

「総隊演習（空自の主要な作戦部隊を構成する航空総隊が統裁して定期的に実施する空自全体規模の総合実動訓練）で学んだゾーンディフェンスです。F‐1のいるゾーンに敵機を入れない。それをやればいいんです」

高木1尉はF‐15の高度を上げて、敵機にミサイルによる中距離戦を仕掛けた。自らが囮になり、これに敵機が食いつけば僚機が襲いかかる。その空中戦の渦をどんどんF‐1のいるゾーンから離していく。

「われわれは敵機の撃墜を目的としていません。F‐1を守るのが目的です。この場合、敵機がこちらの欺瞞に引っかかったので、うまく4機を落とせました。そして、残った敵機2機をF‐1編隊に届かないラインまで引っ張ってから、全速で逃げました」

F‐1の4機は無事、基地に帰投した。間もなく4機の掩護編隊も帰投した。

「当時の情報で明らかになっていた、スホーイ27の搭載しているミサイルのルックダウン能力は低かったんです。だから、低空で飛べば、上からミサイルで撃たれる確率は低い。だいたいの結論はこだろうということで、それを実証するためのフライトでした。その結果、いろいろなことがわかってきました」

6人がフライトを終え、デブリーフィングをしていた。そこへドアが開くと、ウェポンスクールのトップである飛行教導隊の飛行隊長が入ってきた。高木1尉らのF‐15が、高度60メートルで飛んでいたという報告が上がっていたのである。飛行隊長は険しい表情で6人に向かって言った。

「お前ら、何をやっているんだ！」

高木1尉の脳裏には、硫黄島で海自管理者たちからのクレームにも涼しい顔で飛行訓練を続けた西垣隊長の姿が思い浮かんだ。

高木1尉は、すぐに返答する。

「研究です。何か悪いですか？　これくらいやらせてくれなければ、私たちがウェポンスクールで研究する意味はありません。だめなら卒業資格はいりません。そのくらいの覚悟でやっています！」

飛行隊長は高木1尉の言葉に何も答えず、その場を後にした。しかし、ここは第304飛行隊ではない。結局、最後まで飛行隊長からは、好きなようにやっていいとは言われなかった。明らかな規則違反だからだ。

「当時は怖いもの知らずでした」

高木1尉らは、こうして検証した論文を仕上げて無事課程を修了した。

ミサイルのミニマムレンジ実証研究

現役時代の高木氏の西垣隊長譲りの敢闘精神が発揮された出来事は、まだまだある。「ミサイル講習」と呼ばれるミサイルの運用研究を兼ねた実射訓練の課程では、高木1尉によって、まったく異なる性格の飛行実験となってしまったという。

「私がやったのは、いつも悪いことばかりなんですけど……」

それは、ここまでのインタビューで筆者にはよくわかっている。高木氏は、今だから明かせる話と前置きして語ってくれた。

「その時の研究テーマは『ミサイルのミニマムレンジ』でした」

悪い予感がした。ヒートミサイル、すなわちAIM‐9L短距離用空対空熱線追尾ミサイルを使用する場合、敵機との距離に応じたミサイルを発射してよいとされる最短距離が設定されている。それを「ミニマムレンジ」と呼ぶ。

このミニマムレンジからヒートミサイルを発射すると、敵機には確かに命中する。しかし、撃ったほうの戦闘機も爆発したミサイルと敵機の破片によって、被害が及ぶ可能性がある。それを避けるためにミニマムレンジが規定されている。それ以上、敵機に接近すれば、攻撃にはヒートミサイルではなく、ガン、すなわち20ミリ機関砲にスイッチしなければならない。

さらにミサイルの飛翔速度はマッハ3。しかし、ミサイルは安定翼が小さいので、敵機を追尾するための旋回能力にも限界がある。F‐15の場合、パイロットが耐えられるGの限界は9G。それと同じでミサイルにも限界Gがある。その数値は45G。これを超えるとミサイルは折れて自壊する。

ミニマムレンジ内でヒートミサイルを発射すると、目標に接近しすぎているため、敵機の動きによってはミサイルは急旋回をしなければならず、45Gを超えて自壊するおそれがある。これを避けるためにもミサイル発射のミニマムレンジが設定されている。

「それで、この課程に参加したパイロットたちと『ミニマムレンジって、本当なのか？　違うんじゃないの？』と話し合ったのが、事の始まりでした」

また、ヤバい話になってきた。

「当時のミニマムレンジは1マイル（約1・8キロメートル）でした。私たちの事前の目測では『もっといけるよ、規定の半分くらい。800メートルまでいけるんじゃないか』ということになった。だから、実証をやったんです」

筆者は大きな疑問を抱いた。実弾のミサイルを撃てば、本当に目標機を撃墜してしまう。これはできない。米空軍のように、用途廃止になった戦闘機を無線操縦する「無人標的機」を使って、実際にミサイルを撃ったのだろうか？

さらに大きな疑問がある。厳しい予算環境下で訓練に苦労している自衛隊の実情を詠んだ「たまに撃つ弾《たま》がないのがたまにキズ」という川柳がある。ミサイル課程では、ふんだんに撃てる量のミサイルがあるのだろうか?

「ミサイル講習のために、ミサイルを何本ももらってくるんですよ」

大根じゃあるまいし、ミサイルを近くの農家からもらってくることはできない。

「じつは、ミサイルにも消費期限があるんです」

スーパーなどでは、夕方になると賞味期限が近い弁当が安売りされているが、そもそも弁当とミサイルはモノが違う。

「ミサイルも弁当と同じで賞味期限のように使用期限があり、さまざまな事情から計画どおり実射訓練ができなかった部隊では使用期限が近づいたミサイルが余るんです。そのミサイルを各部隊から提供してもらうんです」

各飛行隊ではミサイルの実射訓練をどれくらい実施しているのであろうか。

「どの飛行隊でも、ほぼ同様でしょうが、一人あたり年間1発から2発くらいでしたね」

年に1、2発では、まるで正月かお盆のご馳走のようである。貴重なミサイルを大事にしていると、やがて使用期限がきてしまう。

「それをなるべくたくさん集めてくるんです。全長が長いのがレーダーミサイル、短いのがヒートミサイル」

当時、レーダーミサイル(AIM-7Fスパロー)は1発6000万円、ヒートミサイル(AIM

-9Lサイドワインダー）は1発3000万円。しかし、空自戦闘機部隊の実力の維持向上は国家の利益、そして国民の命と財産を守るために欠かせない。安いもんである。

「それで集められたミサイルを課程に集まった5、6人のパイロットでいろいろな撃ち方を試すんです」

その撃ち方の話を聞いていると、そう簡単な話ではないことがわかる。

「F-4ファントムが曳航している標的に向けて撃つんですが、これが結構難しい」

西垣隊長から「腕はピカイチ」と評価された高木氏が言うからには、相当、難しいのだろう。

そのミサイル発射は次のような要領で行なわれる。目標の制式名称はNPT-IR-1赤外線ミサイル標的。ネット上などで公開されている写真と情報によると、外見は鮮やかなオレンジ色で、1960年代の日本製SF映画に登場する宇宙ロケットのような形をしている。

F-4は翼下に搭載した標的を離脱させる。標的には曳航用のワイヤーが付いており、その長さは2万8000フィート（約8400メートル）。これはヒートミサイルの最大射程らしい。8400メートル彼方の曳航機は安全という仕掛けだ。標的の尾部に銀色の筒が4個ついていて、F-4からの無線信号でここからフレアを出す。この熱源をヒートミサイルは感知して追尾飛翔する。

「ヒートミサイルは撃ったら制御が効かない。だから、十二分に距離をとって撃たないと、曳航機のF-4にミサイルが当たる危険性があるんです」

そのためのミニマムレンジがあると筆者は思うのだが……。

「曳航ワイヤーが安全距離をとっているから、まず大丈夫なんですが、われわれはミニマムレンジをさらに縮めて撃とうということですから、こちらが危ないんですね」

定められた安全距離の内側に入って、どこまで安全か確かめようというわけだ。ふつうは決して行なわない実験である。

「標的から熱源の炎がバーッと噴き出しているんですよ。そこに向かって突進していき、規定のミニマムレンジならば、ミサイル発射後、ただちに離脱しなければならない。しかし、研究だから特別にさらに接近する。それで規定の距離の半分くらいまで行って発射。命中と外れをカウントするんです」

何といっても自機の安全が最優先だが、そこは空中戦の実証だ。しかし、もっと難しいミサイル射撃があるという。

「後ろからより前から撃つミニマムレンジは、もっと難しいんです」

ヒートミサイルは、1970年代から後方からだけではなく、前方からも発射して敵機を撃墜できる機能が付与されるようになっていた。

「前方から行くのは、標的曳航機側は怖かったと思いますよ」

大空の一点でF-15とF-4が交錯する。速度は450ノット（時速833キロメートル）。2機の相対速度は900ノット（時速1666キロメートル）、マッハ換算だとマッハ1.36になる。

ミサイルのミニマムレンジ検証飛行

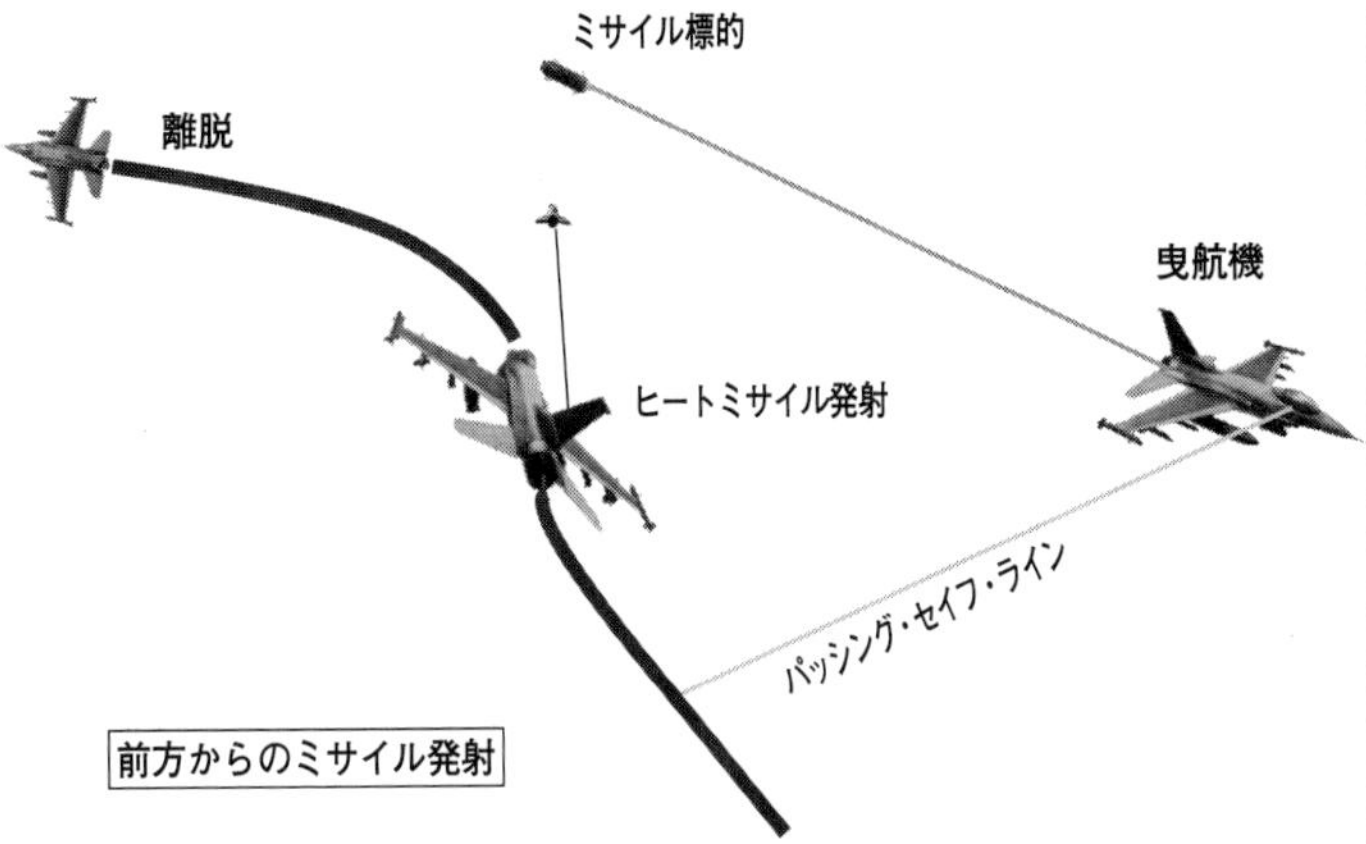

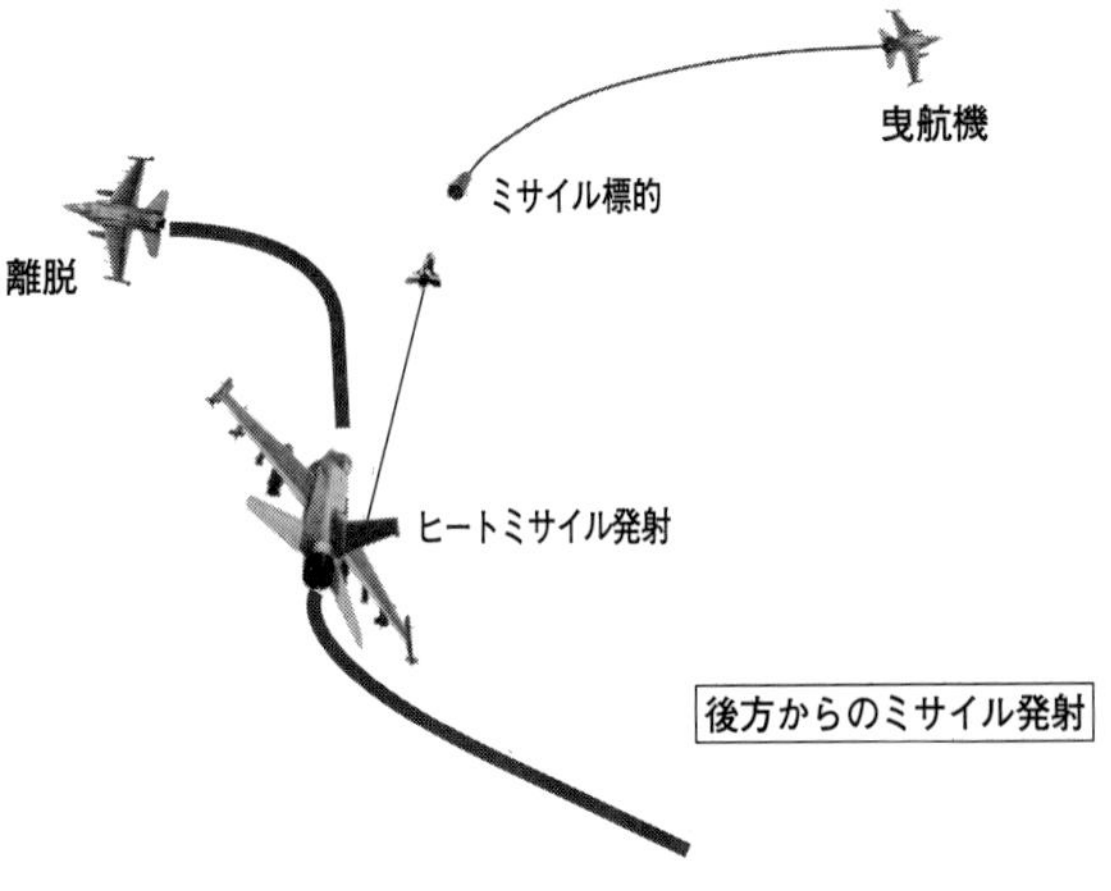

「もう、一瞬です」

ヒートミサイルを搭載したF‐15とこの速度ですれちがうF‐4のパイロットは相当、怖いにちがいない。

「F‐4のパイロットから『パッシング・セイフ！（ただ今通過、安全確認）』とのコールが入ります」

この時、F‐4から8400メートル後ろを曳航された標的が飛んでいる。その次の瞬間、ミサイル発射の態勢を整えるが、そのための時間は極端に少ない。相対速度は秒速462・7メートル。そのまま行くと18・15秒後、F‐15と標的は激突する。無線交信が緊迫してくる。

「ミニマムレンジ通過！」

そこまでで14・69秒が経過。激突まで持ち時間は3・44秒。

「半分（800メートル）まで達した！」

800メートルを1・72秒で飛ぶ。

「ファイア！」

パイロットはこの1・72秒の間に標的へのロックオン、ミサイルの発射安全装置解除、発射トリガーを引くという一連の動作をしなければならない。そして、発射後は次の動作だ。

「逃げろ！という感じです。もう本当に一瞬です」

瞬時に離脱しないと、F-15はミサイルの破片をこうむる。まさに一瞬の勝負だ。高度に計算された動きを瞬時に決める。戦闘機乗りの操縦の腕はただものではない。

ミサイルの運用研究を兼ねた実射訓練でレーダーミサイル（AIM-7F）を発射。（高木博氏提供）

「この場合、角度を合せるのが、めちゃくちゃ難しい。事前に机上の計算で、この標的に対して何度の角度で相対して、どこがミニマムレンジで、どのあたりまで安全距離なのか、一点を見定めていかないとならない」

そして、発射したミサイルは標的に命中。後ろを振り向くと、命中したかしなかったかわかる。

「当たったり、当たらなかったり、それを続けると、だいたい見えてきた。『半分くらいなんじゃないか』という私たちの予測は正しかった。おおむねミニマムレンジの半分の距離でも安全に撃てました」

高木氏はさらりと語ったが、戦闘機乗りたちは、ふつうとはちがう世界観で生きている。このミニマムレンジは誰が最初に決めたのだろうか。

「当時のコンピューターのソフトではそう設定されてい

た。しかし我々がミサイル性能を机上で研究したところ、もっと接近できるのでは？と推測した」

これが実戦の場合だと、戦闘機の機動はどうなるのだろうか。

「敵機が右旋回すれば、こちちは撃ってから左旋回。逆の方向に逃げます。それで撃墜した敵機の破片を避けます」

最後の最後まで危険なのが空中戦だ。のちにミニマムレンジの数値は修正されたという。

米海軍F‐14との対戦

高木氏は第３０４飛行隊在籍当時、数々の異機種戦闘機との空戦訓練も経験している。ここでも高木氏は闘志あふれる戦いを繰り広げ、相手をねじ伏せ、空自戦闘機部隊の実力と真価を示している。

１９９８年、高木１尉ら第３０４飛行隊のF‐15J3機は訓練空域に進出して、これから空中戦訓練をやろうとしている時だった。

高木機のレーダーウオーニング装置に見たこともないシンボルが訓練空域の隅に現れた。高木は、すぐに地上の要撃管制官を呼び出した。

「不明のシンボルあり。確認されたし」

すぐに要撃管制官が応答してきた。

「2機の米海軍F‐14です」

しばらくすると、訓練空域近くを行動中の空母から発進したF‐14が空域に姿を現した。お互い接近してくると、F‐14はさかんに翼を左右に振って「空戦勝負しないか?」と誘ってきた。

「こういう時、ファイターパイロットは燃えるんですよ。外国のファイターが来た時に、われわれはどうしてもケツを向けることはできないんです」

可変翼を広げ旋回するF-14。高木氏は楽に撃墜できた。

高木1尉ら、サムライ・イーグルドライバーの闘魂がフルアフターバーナーで点火した。

F‐14とF‐15の空中戦訓練が開始された。高木1尉ら3機は、いずれも〝西垣流空戦術有段者〟だ。早速、高木機がF‐14機に対して、囮となる機動に出た。残り2機は挟撃機動に入る。

「F‐14、1機、こっちに食いついた」

僚機からは確認の応答。相手機と互いに対等になるニュートラルの状態に持ち込んで、格闘戦が始まった。まさに映画『トップガン』のF‐14に襲いかかったミグ戦闘機の気分だ。

しかし、高木には映画の中でF‐14に次々に撃墜されたミグになる気はさらさらない。反対にF-14トムキャットをイーグルの餌食にしてやろうと思っていた。F-15を強敵と思ったF-14は旋回の運動エネルギーを失うと、可変翼を広げた。

「その様子は『参りました』と言っているようにしか、見えませんでしたね」

可変翼を開いた瞬間、僚機の2番機が1機目のF-14を撃墜。そのウイングマンの位置にいた2機目のF-14は、死角から接近した僚機3番機がベリーサイドアタックで撃墜した。2機のF-14は再び空中戦を挑んできた。

「でも何回やっても、われわれが勝つんですよ。こちらの完勝でした。ざまーみろです」

戦後半世紀を経た日本本土防空戦は、三菱製イーグルがグラマントムキャットを粉砕した。

「F-14は大型で自機の持つ運動エネルギーをロスする機体でした。どこかF-4に似ていましたね」

その空自のF-4にもF-14はコテンパンにやられている。腕利きのファントムライダー吉川潔《きよし》元2等空佐はF-14トムキャットと対戦し勝利している。吉川氏は次のように語っている。

「とにかくトムキャットは機体が明らかに重い。（中略）最初の相手になった那覇の第302飛行隊から届いた情報は『トムキャット、すごく弱い』というものだった」（拙著『永遠の翼F-4ファントム』）

すでに空自F-4EJにやられた米海軍F-14は、それから十数年を経て、再び、今度は空自F-

15Jに勝負を挑んだ。しかし、相手が悪かった。

第304飛行隊に勝つことは容易でなかったが、米海軍空母艦載戦闘機部隊は諦めなかった。

F-14から再戦の申し込み

それからしばらくして、米空母艦載戦闘機飛行隊から第304飛行隊に正式の共同訓練の申し込みがあった（筆者注：実際は事前に計画されていた日米共同訓練）。高木1尉は4機編隊でその訓練空域に向かった。

「F-14は、また訓練空域のいちばん隅っこでクルクルと旋回を繰り返していました」

高木1尉は、再び撃墜してやろうと、訓練空域を進んだ。ある位置まで飛んだ時、訓練の全体を見ている地上の要撃管制官から連絡が入った。

「F-15、4機シャットダウン。全機撃墜と判定」

意外な知らせだった。高木1尉は「えっ、何で？　何かの間違いでは？」と思った。ロックオン警報も何も鳴っていない。正解はF-14の搭載するスタンド・オフ・ミサイル「フェニックス」長距離空対空ミサイルの餌食になったのだ。

その仕組みがどうなっているか、当時わからなかったが、ミサイル搭載のレーダーによって、F-14のフェニックスミサイルは「撃ちっ放し」ができるらしかった。4機のイーグルは最大射程210

キロメートルのミサイルで会敵する前に撃ち落とされてしまった。

「こっちは、かかってこいという意気込みだったんですが、結局、その日は、一度もF‐14を肉眼で見ることはありませんでした」

これでは空中戦訓練にはならない。負けた者の腹いせとしか思えない。しかし、敵の目の届かない距離から長距離ミサイルを放って、敵機を撃墜し空母を守る。そのための空中発射装置がF‐14であり、当時の米海軍空母艦載機の正しい運用方法なのだ。

しかし、ドッグファイトには弱いF‐14トムキャット。映画『トップガン』の世界は真実からほど遠い。それは日本で実証された。主演のトム・クルーズ氏がそれに気づいていたかは知る由もないが、続編の『トップガン マーヴェリック』では、退役したF‐14に代わって、現用のFA‐18ホーネットがスクリーン上を暴れ回る。

フェニックス長距離空対空ミサイルを搭載して空母インディペンデンスを発艦するF-14トムキャット。

FA-18との対戦

1990年代、第304飛行隊は岩国の米海兵隊飛行隊の戦闘攻撃中隊のFA-18戦闘攻撃機ともしばしば空中戦訓練を行なっていた。

「手強いですね。FA-18はF-14に比べると、機体が小さいんです」（高木氏）

空自がF-15どうしで空中戦訓練をすると、F-15は全長19・5メートル、翼幅13メートルと機体が大きく、仮に20ミリ機関砲の最大戦闘射程（約1キロメートルと推定される）に入った時、ヘッド・アップ・ディスプレイ（HUD）に表示される照準を定めるためのシンボル「ピパー」を合致させやすい。

ピパーとは、F-15搭載のコンピューターが敵機と自機の重力加速度、飛行速度、移動方向を瞬時に計算し「このドットの位置に撃てば、命中する」と知らせてくる。それを使いこなすためには、パイロットの技量が必要となる。FA-18は全長17・07メートル、全幅11・43メートル。F-15と比べて、それぞれ2メートルくらいしか変わらない。

「でも、FA-18は小さいんですよ。このピパーを合致させるのがたいへんなんです」

敵機役の米海兵隊のFA-18が、さっと機影をずらすと撃墜できない。しかし、このFA-18も、第304飛行隊の凄腕たちは難なく撃墜している。

「マリーン（米海兵隊）FA-18は、ウワーッと何も考えずに単機で突進してくるんです。こっち

単純な戦法しかとらない米海兵隊のFA-18C。本機に対しても高木氏は楽勝だった。（高木博氏提供）

はつねに綿密に複数の機が連携して戦いますから」

高木機はこのFA-18に対して、Gを抜いたゆるい旋回をしながら、撃墜しやすい囮になる。するとマリーンFA-18は一気に攻撃を仕掛けてくる。

高木機は離れている僚機に「ハイ、よろしく」と伝えて、その僚機がミサイルで一撃を加えて、終わりとなる。

「何回やっても、マリーンは戦術、戦法を考えないんです。だから、結果はいつも同じです」

しかし、マリーンFA-18が全機そうではないらしい。なかにはやり手と思える戦闘機乗りもいる。

「そのウワーッと襲いかかってくるなかで、できる奴はウワーッと突進しながらも周囲をよく見ているんです」

そんなパイロットは、A空戦域の戦いをしながら、隣のB空戦域を見ているという。B空戦域（空自はこの空戦域を『シェーカー』と呼ぶ）の中に、自機が容易に撃墜できるF-15を見つけると、AからBにさっと乗り換えて、F-15をあっという間に落とすという。

「こんな手強いパイロットが、米海兵隊FA－18の中にはいるんです」

侮れない相手、それが米海兵隊FA－18飛行隊だ。米海軍空母搭載のFA－18に関しては未知だ。『トップガン マーヴェリック』では、そのあたりが描かれているのか筆者も興味が尽きないところである。

強敵だった米空軍F－15C

「米海兵隊のFA－18の中にいる手強い相手を、さらに強く、スマートにしたのが沖縄の嘉手納基地の米空軍F－15Cです」

彼らは空自がやっていたような2対2の旋回により優位な位置をとる格闘戦にはならない。1990年代の空自が行なっていた2対2の空中戦訓練は互いがニュートラル、すなわち、どちらも同等の状況から空中戦を始めていた。しかし、米空軍のやり方はその前から始まる。彼我の距離40マイルで「ファイト・オン！」の無線コールで空中戦が始まる。

米空軍のF－15C2機は、その段階からさまざまな隊形をとり始める。2機の間隔が8マイルから10マイルに真横に展開したり、1機が高度1万フィート、もう1機が高度4万フィートと上下に展開したりする。

「空自が4対4でやっている中距離戦を米空軍は2機でやっています。空自がやっているのは基本

F-15どうしの戦いは苦戦した。米空軍との訓練はいつでも手応えがあった。

戦闘です。米空軍は応用戦闘です」

1機ずつで隊形を変える米空軍機に対して、空自機2機が基本どおりに、ばか正直に米空軍機に対応していたら、もう1機の米空軍機に後ろにつかれて、簡単に空自機は撃墜される。

「こちらも1機ずつ、米空軍1機に対応します。だから、われわれも縦横に隊形を変換します」

相手の構えに応じて対応する。すると、間合いはレーダーミサイルの撃ち合いで引き分けの形勢になる。すると、今度はヒートミサイルと機関砲を使用する間合いになって、1対1のドッグファイトが開始される。

二つの空戦域の距離は5マイル。こうなると、勝負は基本戦闘機動（BFM：ベーシックファイティングマニューバー）をとった側が有利となる。

「F‐15どうしだと機速425ノット（時速約78

7キロメートル）で操縦桿をグッと引くと、そのまま何もせずに限界の9G旋回が可能となります。8・9Gでも9・1Gでもないんです」

日米双方のF‐15が機速425ノットだと、お互い引き分けで勝負がつかない。しかし、毎回そうはいかない。

「米空軍のF‐15Cが機速450ノットで突っ込んできたらチャンスです」

機速450ノットで米空軍のF‐15Cが突進してきた時、オーバーGとなり、そのGをゆるめざるえなくなる。機速425ノットだと、毎秒20度で旋回できるとすると、米空軍のF‐15CはGを抜くと、毎秒18度で旋回する。すると、10秒後には20度の角度差の開きが出る。

「そこで内側に食い込めます。ニュートラル（引き分け）で開始した旋回戦が30秒後には内側に食い込めます」

こうなった時の空中戦はヒートミサイルではなく、機関砲を使用したガンアタックで終わる。

「米空軍のF‐15Cを撃墜したこともあります。しかし、これがF‐16になると難しいんです。FA‐18よりF‐16は小さいですからね。格闘戦に入ると見失うんですよ」

空自のF‐15とF‐2の空中戦は、F‐2のほうが格闘戦では有利だと言われている。米空軍戦闘機パイロットから見た空自パイロットの評価はどうなのだろうか？

「米空軍から空自パイロットを特別高く評価しているといった話は聞いたことはありません。彼ら

排気口を下方に向け空中停止する海兵隊のAV-8Bハリアー。しかしその体勢も長くは続かない。

米海空軍、海兵隊は、何といっても実戦経験があります。それが大きいです。だから、彼らは自分たちが強いと思っています」

米海兵隊ハリアーとの対戦

高木氏は岩国基地の米海兵隊ハリアーとも対戦したことがある。しかし、同じ海兵隊のＦＡ－18のようにウワーッと襲いかかってくることはなかった。

「ハリアーは翼が小さいから、空中戦能力は低いんです」

だから、互いに有利な位置に占位しようと距離を詰めてくる。空中戦性能は低いが、ハリアー特有の強さもある。それは空自のＦ－15に後ろにつかれた時に発揮される。

「ハリアーの強みはここからなんですよ。エンジンの排気ノズルが腹にあるんでヒートミサイルの先端についているシーカーが、なかなか目標をロックオンできないんです」

ハリアーはＶＴＯＬ（垂直離発着）戦闘機だ。通常の戦闘機ならば、後ろにつけば1基か2基あるエンジン排気口にヒートミサイルは容易にロックオンできる。しかし、ハリアーのそれは機体の下部にある。

格闘戦になって互いに追ったり逃げたりしているうちに、両機の間隔がさらに詰まる。ヒートミサイルの射程から機関砲によるガンアタックの距離に入る。

「ところが、ハリアーは機影が小さいので、ピパーがなかなか合致しないんです」

ハリアーは全長14・27メートル、翼幅7・70メートルとＦ‐16より小さいため、Ｆ‐15の20ミリ機関砲の照準が定まらない。彼我の距離はさらに接近する。

「すると、ハリアーのパイロットは、最後の手段に出るんです」

ハリアーはそのＶＴＯＬ性能を発揮する。ノズルをリバースにして、機首を真上に向けて、空中の一点で停止するのだ。

「えっ！と思っているうちに、こっちは垂直停止状態のハリアーの横を通過してしまうわけですよ」

ハリアーはＦ‐15が真横を通過すると、機首をカタンと地上に対し、真っすぐにして追尾を開始する。ハリアーはヒートミサイルをＦ‐15にロックオンにする。

「それで、こちらがやられてしまうわけですよ」

フォークランド紛争でアルゼンチン空軍機がイギリス軍のハリアーにやられたといわれる空中戦の戦法だ。

「これはいかんと、二度目のハリアーとの対戦では、これが頭に入っていましたからね」

高木1尉は二度やられない。ハリアーが例の戦法を使うという前提で空中戦に入る。F-15がハリアーの後方に占位する。そして、ヒートミサイルのレンジを通過、ガンレンジで狙う。なかなかピパーが合致しない。ハリアーがリバース（空中停止）しそうになる。

「そうなったら、こっちは左右どちらかに全力旋回で回避します。そして、空中停止しているハリアーのヒートミサイルのアウトレンジまで逃げて旋回します」

高木1尉は、コックピットから空中停止しているハリアーを見ながら旋回。ハリアーの機首が真っすぐになった瞬間に一気に降下して、機関砲で一撃を加える。

「最後の動きさえ、頭に入っていれば落とせます」

これがハリアーだからF-15で落とせた。だが、ベクターノズルを持った米空軍F-22ラプター、さらにロシア空軍のスホーイ37、スホーイ57が相手ならば、どうなるのか？

「まず、F-15では無理です。さらに相手がステルス機ではレーダーで見えないし、対抗できません」

今後、空自戦闘機が仮想敵とする戦闘機は、ロシアや中国の第5世代のステルス戦闘機なのだ。

最大の難敵はF－104

じつは凄腕の高木1尉でも、最も手こずったのは意外にもF－104だったという。

「まず、見つけられません」

F-15最大の難敵は一世代前のマルヨンだった？ 写真は第207飛行隊のF-104J。

F－104の全長はピトー管を除いて16・69メートル、全幅は翼端燃料タンクなしで6・68メートル。ハリアーよりも全幅が小さい。

「前方から来るF－104に向かって一気に突っ込んでいくとします。でも、F－104は全然旋回する動きを見せない」

F－104はF－15とすれちがうと、一気にマッハに加速して、遠く離れていく。

「とにかく、加速力がすごい！」

そして、ここからがF－104の特性が発揮される。

「そして、気づかぬ間にどこからともなく突然やってきて、一撃離脱で去っていくんです」

F－15は不意を衝かれて、あえなくやられる。

「F‐104の特性を知り尽くした西垣隊長も、F‐104ではこの一撃離脱の戦法をやっていました。私はF‐104にはやられっぱなしで撃墜したことはありません」

F‐104は、高木1尉でも撃墜できなかった難攻不落の戦闘機だったのだ。

空中戦の極意

元イーグルドライバーたちの話から、現代の空中戦の様相とセオリーがわかってきた。そこで、さらにこの戦いに勝ち抜くための極意があるのか、再び森垣氏に聞いてみた。

――敵機を早く落とすコツのようなものはあるのでしょうか？

「それは天性のものもあるかもしれないが、私はF‐86の経験があったのがよかった。F‐86はレーダーがなく、敵機との距離を計測して示す射撃管制装置だけだったから、索敵は自分の目が頼りだった」

――敵機を発見して、どのように攻撃に移るのですか？

「その状況に応じて、いちばん有効なウェポンを使うんですよ。レーダーミサイル、ヒートミサイル、最後はガン（機関砲）です」

F‐86の固定搭載武装は12・7ミリ機関銃6門。森垣氏はF‐86でバーナ曳航標的に対して、百発射撃して92発を命中させた腕の持ち主だ。

「当時、F‐86の空対空射撃訓練では6門の機関銃のうち、実弾を装填するのは2門です。2門それぞれ50発ずつ装塡。それを3回ほどに分けて30発ずつトリガーを操作して、距離は2万フィート（約6千メートル）から入って、リバース（反転）しながら、ダダダっと撃つんです。空対空射撃訓練で使用するナイロン製帯状の曳航標的（バーナターゲット、6フィート×30フィート）は、命中すると機別ごとに弾痕の色がちがうので誰が撃った弾かわかる。とにかく、視力、そして射撃にはセンスが必要です。金属製の三角錐の曳航標的（ダートターゲット）は経験の浅いパイロットだと、なかなか当たらないんです。F‐15の20ミリ機関砲はよく当たるんですが、当たるようになるにはセンスが必要です。また、操縦もセンスです。これは初歩の練習機の段階でセンスのあるなしはすぐにわかります。編隊飛行、航法、計器飛行、センスのある者は3、4回飛べば、そこそこできる。センスのない者は10回飛んでもできない。空対空射撃は野球にたとえると、バッティングと同じ。1回空振りして次の球で打てる人はセンスがあるということです」

――それを上手にやるために必要なのは空間把握能力なのでしょうか？

「初めは1対1で練成して、次は2対2の編隊戦闘で空間把握能力をつかむ。F‐86の時代は、編隊戦闘で2番機が食いついて、だんだんと挟み込んでいく戦い方をしていました。現代の空中戦はもっと進化していますね」

――空戦域に敵味方の多数機が入り乱れている。そんな時、パッとその状況を見て、頭の中で戦い方を組み立てられるのが、空間把握能力なのでしょうか？

「そうです。組み立てができないとだめ。自機が優位な状況、そういうアプローチの方法を一瞬でいろいろ考える能力です」

空戦域を一瞬のうちに見渡して、敵機をどの順序で落とせばいいか判断し、いちばん最初に落とせる敵機の後方に占位できる一点にフルスロットルで機動する。そして後ろから自機に迫る敵機がいないことを確認しつつ、素早く敵機を撃墜して次にかかる。

「そのとおりです。編隊から離れている敵機から攻撃する。自機がど真ん中に突っ込んだら、絶対にほかの敵機から狙われる。そうならない敵機から攻撃する。不利になったらブレイク、早めに離脱する。敵機を落としても、自機が落とされては負けです」

――空中戦は「勝つか引き分けに持ち込む」ということでしょうか？

「そうです。退くところは退く。はじめは何度も落として落とされたを繰り返すけれど、だんだんと落とされずに落とすようになっていく」

――その戦いに勝ち抜くための極意はどこにあるのでしょうか？

「自機の性能、さらに自身の能力を最大限に発揮したクイックキルです。ところが、F-15は性能の最大発揮が難しい。あまりにもパワフルで、強烈なGがかかるので、パイロットはそれに耐える力が求められる。限界ぎりぎりのパフォーマンスで、任務、すなわち敵機を落として、すぐに次の目標に向かう。戦闘機乗りはせっかちな人が多いのはこれが理由です」

優れた身体能力に加え、目がよく、頭の回転が速いのが戦闘機乗り必須の条件だ。

次世代の空中戦

森垣氏や西垣氏らの現役当時と、現代では空中戦の様相は激変しつつあるらしい。元イーグルドライバーたちは次のように説明する。

「敵機を目視できる空中戦、格闘戦とわれわれは呼びますが、これは1990年代前半までの戦闘の様相です。森垣氏や西垣氏は、戦闘機に現在のような高度なレーダーやステルス性能がない時代を経験している。その時代の最高のスキルを発揮した。〝空中勘〟というべき能力が優れている」

今、空中戦の世界は、どのように変わりつつあるのだろうか。

「空自にもステルス戦闘機、F-35の導入が始まり、それから米国産AIM9X、国産AAM5などの新型ミサイルは前だけではなく全方向に撃てます。すると、今や敵機を目視して格闘戦に入る段階に至らない。敵味方機が追いつ追われつ戦うことはない。そこに至る前に勝負は終わっているし、終わらせないとならない」

そうなると、この新しい戦いの様相は、敵機を目視で捉え、ドッグファイトの腕を磨いてきたイーグルドライバーからすると、どう映るのだろうか。

「つまらなくなったことは事実です。しかし、今のソフィースケイティッドウェポン（洗練された武器）を使いこなすという、以前とは違う高いスキルが求められます。たとえばF‐22は見えない領域からでも敵機を撃墜する能力がある。対する側はF‐22が仮に見えたとしても、とてつもない機動をしますから、これはかないません」

1990年代までの空中戦は、もはや戦闘機乗りにとって〝古き良き時代〟になってしまっているのであろうか？

「戦闘機乗りの本領は、やはり相手の後ろとって叩くところですよ。森垣氏や西垣氏は、この戦闘機対戦闘機の戦いで強くなるような技を教えてくれました。爆撃機、電子戦機、輸送機を落とすのは簡単です。それを守るために敵の戦闘機がいる。それを落とすために、われわれがいる。だから、戦闘機乗りには戦闘機どうしの戦いがほんとうの勝負なんです」

今後、空自の防空作戦がどう変わるか、元第202飛行隊のメンバーたちに聞いてみた。

――空自には今後、F‐35Aが百機以上導入される見込みですが、これによって空自の防空作戦は変わるのでしょうか？

有馬「私は米国でF‐35のシミュレーターを体験していますが、高度なデジタル化と先進的なアビオニクスは戦闘機の戦い方を変えつつあります」

重永「F‐35は何と言っても、空自戦闘機初のステルス機です。相手のレーダーに捉えられないのだから、敵機から見えないところから攻撃ができるようになります」

航空自衛隊に配備が始まった第5世代戦闘機F-35A。

――すると、新しい戦技が出現するということでしょうか?
有馬「新しい空中戦の技術ではなくて、戦い方だと思います」
重永「攻撃される側は、何にもわからないうちに撃墜されると思いますよ」
――戦闘機パイロットの役割も変わっていくのでしょうか?
重永「パイロットが自身の技量を発揮する機会が少なくなるのはまちがいない。だから、従来の空中戦戦技はあまり関係なくなるのではないでしょうか」
森垣「飛行機のウェポンデリバリー能力が勝敗を分けるでしょうね」
重永「これからは、ステルス機をいかに見つけるかの技術が重要になるでしょう」
森垣「まずチャフやフレア、レーダー妨害装置など、ステルス機の発射したミサイルを無効にする新しい防御手段が出てくる。すると、ステルス戦闘機どうしの空中戦、あるいはステルス戦闘機対第4世代戦闘機となっても、最後は目視範囲に入れば、F-86の時代と同じレベルになる。最終的には戦闘機乗りの目、それとガン（機関砲）の勝負になる」

——単純なウェポンに回帰するという場面があるとすれば、やはり遠くまで見える視力が大切なのでしょうか？

重永「ステルス機でも目視能力が大事なのは変わらない」

森垣「目視できる以前は、敵味方識別をAIがやるのかな」

——相手が無人機やドローンになると、どうなりますか？　これまで空白が想定していた航空戦が変わりませんか？

有馬「その対応はひじょうに難しいと思います。今までは航空機に人が乗り、戦うのは人間対人間でした。相手が無人機になったことを想定した対処を考える時代になっています」

森垣「まったく変わると思いますよ。無人機との戦闘となると、すべて従来とはちがう戦術、戦法が必要となるでしょう。そのうち、無人機どうしがミサイルをバンバン撃ち合うことになるかもしれない」

有馬「私は退官して1年あまりですが、30年後の航空戦は予想もできない戦い方になっていると思います」

第5章　防空の最前線——第305飛行隊（第5航空団・新田原基地）

飛行隊始動

梅雨の始まりの頃、筆者は再び〝鷲の王国〟新田原基地を訪れた。今度は同基地のF‐15の実動部隊、第5航空団第305飛行隊の取材である。

この日からの取材を案内してくれたのは基地渉外室長の前田了2等空佐（取材時）。前田2佐は、かつて沖縄県那覇基地に所在していた第302飛行隊（同隊は1974年に千歳基地で新編、1985年に那覇基地に移駐、2009年に百里へ移駐、2019年3月にF‐4EJ改の退役により、三沢基地に移駐しF‐35Aの最初の飛行隊として機種改編された）のファントムライダーで、南西諸島周辺の国境の空を守った経験の持ち主だ。

今回の取材の控え室になる部屋がある建物に案内される。そこは、どこの基地にもある飛行隊が使用する建物の一角で、位置からすると、かつては飛行教導隊が使用していた建物かも知れない。

「ここで待機してください」と前田2佐。

ソファに座り、壁を眺めた。そこには、どこの飛行隊にもあるフライトの状況を知らせるボードがあった。しかし、ボード上部に記された文字を目にした瞬間、筆者は起立し敬礼していた。

それは『202 SQUADRON』と掲げられていた。

ここは、森垣氏、重永氏、井上氏、有馬氏らが集い、イーグルドライバーを育て、パイロットたちがブリーフィングをした場所なのだ。ここの椅子、机、壁、天井には、F-15にすべてを捧げ、日々全力を賭《と》した彼らの息吹きが残されていた。時には緊張感に包まれ、時には快活な笑い声が響いた。そんなすべての鼓動、熱気が感じられる。ここには、20世紀のF-15の歴史が刻み込まれ、イーグルの爆音が轟いている——。

午前4時。第305飛行隊の格納庫の扉が開き、F-15Jが列線に引き出される。列線に並んだF-15の機首に描かれた日の丸が、鮮やかに輝き始める。日本の南西空域防空の最前線、那覇基地のF-15飛行隊の後詰《ごづ》めに位置する新田原基地の始動だ。

国旗掲揚、朝礼、飛行隊のブリーフィングなど課業が、いつもどおり進められ、午前のフライトに

朝いちばん、整備員が格納庫から機体を引き出す。

パイロットの搭乗を機体ごとに専従が指定された機付整備員が手伝う。

臨むパイロットたちが装具室に向かう。

装具室には飛行時に着用するヘルメット、Gスーツがずらりと並ぶ。ヘルメットにはタックネームが記されている。パイロットたちはGスーツを着用し、ヘルメットバッグを手に列線に向かう。

パイロットはF-15のフライト前チェックを開始する。機体の下を這い回るように着陸装置、主翼、補助翼、胴体や翼下に懸架されたミサイル、燃料タンク、機体各部の点検ドア、アンテナなどを一つひとつチェックしていく。

ひと回りして、コックピットにかけられたラダーを昇る。コックピットに入る前に機体背面を見渡し、異常がないか確かめると、いよいよコックピットに乗り込む。

左手でキャノピー前部の枠をつかむ。この時、手は絶対にキャノピーのガラス部分に触れない。キャ

1基あたり最大推力10810キログラムのF100-IHI-220Eジェットエンジン２基が吠える。

ノピーのわずかな汚れも空中では、視界を妨げ敵機が見えなくなることがある。シートに着くと、ヘルメットバッグを持った列線整備員がラダーを昇ってくる。

整備員はパイロットがシートベルトを両肩に装着するのを手伝い、ラダーを降りる。そして、パイロットがヘルメットバッグを手にしたことを確認すると、ラダーを取り外す。パイロットはヘルメットをかぶり、酸素マスクを装着する。

エンジンが「ヒューン」と音を立て、空気吸引が始まり、圧縮された空気が二つのエンジンに十分に送り込まれると、ジェットエンジンに点火され「キーン」と甲高い金属音が上がる。

ここには選ばれし者たち、イーグルドライバーと列線整備員たちしかいない。ここが日本の

パイロットは飛行後、整備員と機体の整備状況など小さなブリーフィングを行なう。

防空の最前線なのだ。

第305飛行隊発進

列線が凄まじいジェットエンジンの轟音に包まれた時、発進直前の第305飛行隊のF-15を1機ずつ見て歩くパイロットがいるのに気がついた。引き締まった体躯をフライトスーツで包み、太い首に坊主頭。ほかのパイロットとは明らかにちがう威圧感を漂わせていた。

そのパイロットはそれぞれの機に鋭い視線を送っている。傍《はた》から見ていても、射るような視線に機上のパイロットたちは、明らかに緊張している様子だ。F-15飛行隊を一瞬で、殺気みなぎる空気に変えてしまったかのようだ。

前田2佐がエンジンの騒音に負けぬように筆者の耳元で叫ぶ。

「第305飛行隊の奥村隊長（取材時）です」

各機のキャノピーが次々閉じられると、そのタイミングで飛行隊長は再び機上のパイロットたちに目で合図を送るように気合を入れているようだった。

イーグルは魂を吹き込まれた荒鷲となり、タキシングを開始した。そして滑走路から次々と離陸していった。

飛行隊の伝統

第305飛行隊でのインタビュー取材は、この強面《こわもて》の飛行隊長からだった。かつての第202飛行隊のブリーフィングルームで隊長を待っていた。

あの列線で見た雰囲気に筆者は緊張していた。ドアが開いて隊長が入ってきた。筆者は椅子から立ち上がり、直立不動の姿勢をとった。隊長は手でそれを制し、かしこまる必要がないことを示した。一瞬で緊張が解けた。

隊長は列線で見た姿とは一変、笑うと物腰の柔らかい、爽快なスポーツマンの風貌だった。

飛行隊長の奥村昌弘2等空佐（41歳）は北海道の生まれ。子供の頃、両親とともに行った空自千歳基地の航空祭でブルーインパルスの展示飛行を見て、たちまち飛行機が好きになった。

そして小学生の時、映画『トップガン』で、スクリーン上を暴れまくるF‐14トムキャットを観たのが、奥村少年に大きな夢を与えるきっかけになった。ところが、乗りたいと思ったF‐14は日本にない。しかし、F‐15イーグルが空自にあることを知って、人生の目標は決定した。

防衛大学校に入校（44期）。防大時代はアメフト部に所属、ワイドレシーバーで活躍した。防大卒業後は幹部候補生学校を経て飛行教育のコースに進み、念願の戦闘機パイロットの夢を実現した。

かつて百里基地に所在していたF‐4ファントム時代の第305飛行隊は猛者《もさ》揃いで、ほかのF‐4飛行隊からも一目置かれるとともに近寄りがたい存在だったという。運用する機種がF‐4からF‐15に代わっても、その気風は引き継がれているのだろうか？　そのあたりから隊長の話を聞くことにした。

「現在、第305飛行隊は九州で唯一のF‐15の部隊です。西日本の防空、もちろん、それだけではありませんが、それを1個飛行隊でやらなければならないので任務はいろいろとあります。でも、忙しいばかりでは隊員たちの精神的な負担が大きくなるので、そこはうまくオンとオフを切り換えるようにしています。まｌ、酒を飲む時は仕事を離れて騒ぎますが、仕事に戻れば、皆、きっちりとやりますので」

隊長として飛行隊の指導方針は何を掲げているのだろうか。

「第305飛行隊は昔から『強速美誠実』、つまり強く、速く、美しく、誠実にという部隊の服務指標があります。これは1978年の部隊新編以来、初代隊長から40年以上続く、飛行隊の精神と行動の規範としています」

F－4時代の基本精神は引き継がれていた。しかし、時代とともに人も世の中も変わるのは、どこの組織も同じで、空自にも女性の戦闘機パイロットが誕生する時代だ。第305飛行隊に限らず、今の飛行隊は洗練されてスマートな雰囲気になっているというのが、筆者の印象だ。

第305飛行隊長奥村昌弘2佐。F-14が登場する映画「トップガン」にあこがれイーグルドライバーを目指した。

タックネームは「009」

ところで、先ほど列線で隊長の姿を目にしたことを伝えた。

「あれは、ふだんからです。隊員の一人ひとりの表情や様子を見ています。部下たちが、どう思っているのかわかりませんが、私が逆の立場だったら、離陸前、列線に隊長が来て見られていると思うと、ちょっとは緊張しますね」

トレードマークの坊主頭は、いつからなのか尋ねた。

「ここに来る前の上司にも『お前、まるで昔の軍人さんのようだな』と笑われました」と言いながら、笑顔で頭を撫でた。

かつてのいかつい第305飛行隊の雰囲気は、その隊長の仕草からは感じられなかった。

隊長のタックネームを尋ねた。

「009です」

装具室に並んだヘルメットの中に「009」の表示が確かにあった。

「最初に着任したのは、那覇の第302飛行隊でした。その頃は今よりもう少しがっちりとした体格だったのでサイボーグみたいな身体をしているなと、上司から言われ、それで石ノ森章太郎の人気漫画『サイボーグ009』にちなんで、これになりました」

見たままのいつもどおりの命名だ。しかし、もう一つ語呂合わせもあった。

「姓の奥村を数字に置き換えると『オー・ク（0・9）』になります」

筆者は、第302飛行隊のタックネームが数字にちなむものが多いのを思い出した。

「私が在籍した時も10人くらいが、数字を用いていましたね。68（ロッパー）、69（ムック）、7（ナナ）、8（ハチ）、9（キュー）、10（テン）などのほか、沖縄特産の野菜をもじって58（ゴーヤー）もいました」

009を「オー・ク（奥）」と読ませるのは、センスに欠けるものが多いタックネームの中では、なかなかしゃれたネーミングだ。

爽快感と緊張感

奥村が着任した当時の第302飛行隊はF‐4ファントムを運用していた。F‐15のパイロットを目指したのに、F‐4に乗ることになってしまったのは不本意だったのではなかったか。

「そうは思いませんでした。F‐4に乗っている時は、それに誇りを持っていました。でも、異機種空中戦訓練で嘉手納の米空軍F‐15Cや、小松に行って飛行教導隊のF‐15DJと対戦した時は、やっぱり新しい世代の戦闘機は強いなー、と思いましたね」

しかし、そこは戦闘機乗りである。相手がF‐15であれ、何であれ、絶対に負けたくないはずだ。

「思いました。訓練でF‐15を撃墜したこともありますけど、落とされたほうが多かった。F‐4でも2機ならば連携してF‐15にも勝てる状況があります」

F‐4は複座機で二人乗っている。計四人の頭脳と目を最大限活かせば、F‐4戦闘機に性能以上の力を発揮させることもできる。

「F‐15を落とした時は、前後席で『よし！』って、喜び合いましたよ」

そして、奥村はF‐4からF‐15への機種転換訓練を経て、イーグルドライバーになった。複座機から単座機に移り、何がいちばん変わったのだろうか。

「まず、F‐15はエンジンのパワーが全然F‐4とはちがいますね。F‐15は話し相手がいないのが寂しいですが、私は単座機のよい点を考えました。F‐4は必ず二人で任務を遂行します。単座機はうまくいっても、失敗しても、全部一人の責任です。だから、すべて俺一人でやるんだという主体性が強くなったと思います」

単座戦闘機の醍醐味であろう。Ｆ‐15ならではの爽快感もあるという。

「地上近くに雲が広がっていても、上昇しながら雲を突き抜けたとたん、そこには真っ青な世界が広がっています。だから、雨の日でも曇りの日でも雲の上に行けば、陽光が降り注いでいる。視界は抜群ですから、これは気持ちがいいですね」

戦闘機乗りは、一般人には経験できない風景を日常的に目にしている。彼らだけの特権である。しかし、この爽快感は危険と表裏一体でもある。奥村も緊急事態を経験している。

「着陸する時、ギアがきちんと出なかったことがありました。いつもどおり操作したのに出ない。そこで別の作動系統を使ってギアを下げる緊急操作をしたら無事に出たので着陸できました」

第23飛行隊でパイロット学生たちが学んでいたエマージェンシーへの対処の授業を思い出した。パイロット学生の課程では、緊急時の対処法を徹底的に座学と飛行訓練で叩き込まれる。どんなにベテランになっても危険はつねにつきまとう。危機に遭遇しても、冷静確実に対処するのはパイロットの基本中の基本なのだ。

Ｆ‐15に乗り始めた当初、いちばん緊張した場面は何だったのだろうか。

「国籍不明機へのスクランブルで、初めてＩＤ（視認）したことでした。資料写真でしか見たことがないのが目の前を飛んでいる。やはり緊張しました」

空中戦で勝つには？

奥村にとって、空中戦、とりわけ相手を視認した敵機との接近戦である格闘戦についての考えを聞いてみた。

「実戦ならば、格闘戦は空中戦の最終的な手段なので、あえてやりたいとは思わないですね。ただ、そこでこそ、ほんとうのパイロットの腕の見せどころです。双方の距離が離れている場合は、アビオニクスやミサイルの性能によるところが大きい。しかし、近ければ、その航空機や搭載武器の性能ではなく、パイロットの目と腕にかかってくる。まさに本領発揮というか、お互いの技量の勝負になると思います。飛行班員の時は、いつも格闘戦でどう勝つか、ということばかり考えていましたね」

戦闘機乗りとして、空中戦で強くなるのは何が必要なのだろうか。

「すべて大事ですが、頭を使わないとだめだと思います。机上で勉強した知識と自分が今まで飛んだ経験から得た知識、経験など、その時の状況に当てはめて、瞬時に判断できる頭の回転ですね。空中では考えている暇はないので」

考えているうちに、敵機は高速で近づき、旋回しながら攻撃してくる。

「だから、いくら頭がよくても、肉体の鍛錬も必要だし、目もよくないと戦えません。空中戦で勘に頼るということはたぶんないのです。天才的なパイロットならば別ですが、私を含め、パイロットも凡人です。勘ではなくて、空中戦のある瞬間、どれだけ勉強や準備をしてきたことを活かし、いかに瞬時に最適な答えを見つけられるかに尽きると思います」

空自では、かつて毎年、戦闘機部隊の戦闘能力、戦技の向上を図るため、全国の飛行隊が一堂に会して航空総隊戦技競技会を開催していた。戦競では各隊から選抜されたパイロット、整備員が参加し、飛行教導隊のF‐15が「仮設敵」となって実力を競い合う。

戦競には、飛行隊の名誉と威信をかけて各隊とも腕利きのパイロットが出場する。奥村も第302飛行隊時代、これ（F‐4部門）に出場し、そこで〝会心の作〟ともいうべき空中戦の経験がある。

「あの時は、こちらのF‐4が2機、対する仮設敵機はF‐15が1機で、2機がうまく連携し、敵機が僚機に対処している隙に、私が敵機の死角から攻撃して撃墜しました。その時の記憶は今でも私の頭の中に映像で残っています」

競技後、敵機役のパイロットは奥村に「お見事でした！」などと、結果を称えてくれたのだろうか。

「何も言ってくれなかったですね」

相当、悔しい被撃墜だったのだろう。

飛行隊長の役割

これだけ強い奥村がいま率いている第305飛行隊は精強にちがいない。飛行隊長として部隊を統率していくうえでの考え、方法を尋ねた。

「私は飛行隊の指揮官なので、部隊のリーダーであり、また役職上も部下たちの上司という位置づけになります。さらに私もパイロットなので、操縦者としては教官でもあり、指導者としての役割もあります。私が部隊の一員としてのパイロットであった時は、自身の技量をどうやって向上させるかばかりに目が向いていました。部下のパイロットたちも、おそらく同じだと思います。しかし、飛行隊長となると、部隊をどうやって強い組織にまとめ上げていくかということが大きな使命ですので、一パイロットとして飛んでいた時とは、全然ちがいますね」

強い飛行隊を作るための方法はあるのだろうか。

「どういう訓練をどういう順にやるかは、あらかじめ決めています。新しく部隊に配属されてきた者には、最初はこの訓練、その次はこれと、計画に沿って実施する。もし、どこかでつまずき気味だったら、それをもう一度行なって段階的に進めていきます」

部下たちとのコミュニケーションは、どうしているのだろうか。

「まず、本音を聞けるように心がけています。上司と部下であってもフランクに話ができるように努めています」

当然のことながら、お互いの意思疎通が何より大切なのだ。

ところで現在、第305飛行隊には空自初の女性戦闘機パイロットがいる。

「女性が入ってきたからといって、何も変わらないですね。整備員にも女性はいますから、女性のための勤務環境はきちんと整備されています。どこの職場でも同じように男性と女性がいる。それだけです」

ミッション・ブリーフィング

第305飛行隊のパイロットたちのフライト前のブリーフィングを、旧第202飛行隊ブリーフィングルームで再現していただいた。

かつてのブリーフィングルームには四人のパイロットが着席していた。教官パイロット（IP）はフライトリーダー（FL：4機編隊長）資格を有する菅悠介《かんゆうすけ》1等空尉、そのウイングマンとなる二番機が茂木龍樹《もぎりゅうき》2等空尉。3番機がエレメントリーダー（EL：2機編隊長）資格を有する青山泰《ゆたか》1等空尉、そのウイングマンの4番機が天ケ瀬《あまがせ》匡昭《まさあき》2等空尉である。

菅1尉がF‐15の模型を片手に立ち上がり、この日の訓練の説明を始めた。筆者は以前見学したF‐4飛行隊のざっくばらんな雰囲気のブリーフィングを想像していたが、それとはまったく異なり、イーグルドライバーたちのブリーフィングは緊張感が漂っていた。

４機のパイロット全員でこれから行なう訓練についてブリーフィング中。棒が付いたＦ-15の模型で空中での位置関係を示している。

「あいつら、クソ真面目で面白くも何ともねー」

〝無頼派〟のよくしゃべるファントムライダーたちが、イーグルドライバーのことを、そう評していたのを思い出した。それに対して、良くも悪くも寡黙で紳士的なのがイーグルドライバーのようだ。

菅1尉のミッション・ブリーフィングが続く。

「危ないなと思ったら、すぐにノック・イット・オフ（訓練中止）を宣言して安全確保すること」

「はい！」

三人が一斉に返事する。

「上下の視程を確認する。上と下に雲海があると、格闘戦では空間識失調（飛行中にパイロットが一時的に平衡感覚を失い、自機の姿勢や上昇中あるいは降下中なのか、わからなくなる状態。墜落事故につながる）に注意。もし空間識失調になってダイブしていたら、ノック・イット・オフをかけてリカバリーする」

「はい！」

次に菅1尉は両手に模型を持ち、機動に関する細かい動きを示して、注意を与えた。そして、最後に訓練空域への進出と、基地への帰投の要領を確認して、ブリーフィングが終わった。

飛行隊では、こんなブリーフィングが毎日のように行なわれている。ブリーフィングルームにも、飛行場からF-15のエンジンの轟音が聞こえてくる。滑走路ではアフターバーナーに点火、青白い炎を吐きながら、第305飛行隊のイーグルが離陸する。そしてパイロットたちは今日も大空へ舞い上がる。

パイロットへの道

空白は今、中国の動きの活発化にともない、東シナ海、西太平洋で、かつてない緊張を強いられている。日本の防空にわずかな隙も見せられない。

この厳しい現実の中で、第305飛行隊のパイロットたちは、その任務を担っている。

先ほどのブリーフィングに出席していた天ケ瀬2尉（30歳）もその一人である。福岡県出身。第305飛行隊での勤務は一年半になる。

凛々しい両眉、その下に聡明な光を発する両眼、きりりと締まった口元。天ケ瀬は京都大学工学部物理工学科卒の異色のイーグルドライバーである。初めにパイロットを志した経緯から聞いた。
「子供の頃、修学旅行に行く姉を福岡空港に見送りに行った時、そこで初めて飛行機を見ました。高校生になると、鹿屋や築城基地などの航空祭に行き、F-1やF-15など本物の戦闘機を見て、飛行機に興味を持ちました。大学に入ってからは、飛行機を作る側になろうと思っていました。しかし、就職活動の直前、東日本大震災が起こりました。自分は大学生で何もできない、でも、その一方で、ニュースなどで伝えられる、たくさんの人を救っている自衛隊の活動が強く印象に残りました。それで、私も人を救う仕事をしたいという思いと、飛行機に関わりたいという思いが重なって、空自のパイロットを目指すことにしました」

第305飛行隊天ケ瀬匡昭2尉。京都大学在学中に東日本大震災で活躍する自衛隊員を見て空自パイロットを目指すことを決意。

空自のパイロットになるには、高等学校卒業者が「航空学生」として応募するコースと、防衛大学校や一般大学の卒業者が一般幹部候補生課程を修了後、パイロットを志望して飛行教育の課程に進むコースがある。天ケ瀬は空自の一般幹部候補生採用試験を受けた。

「受験してだめなら、諦めようと思っていました」

合格者は航空自衛隊幹部候補生学校（奈良県奈良市）に入校し、幹部候補生課程（一般大出身者は約10か月）を修了すると、パイロット志望者には適性検査が行なわれ、これにパスすると操縦適性検査を受け、これにもパスすると操縦課程学生の道が開かれる。しかし、空自にもさまざまな種類の飛行機があり、それぞれのパイロットがいる。

「自衛隊の役割が何なのかと考えた時に、人の命を守るのは救難機も戦闘機も同じです。その中で、やっぱり主力の戦闘機に惹かれました」

筆者が京大出身のパイロットに出会ったのは初めてだ。

「F‐4のパイロットにも京大出身者がいるそうです」

ウイングマーク

パイロットを養成する飛行教育は、基礎の段階では航空学生、一般幹部候補生とも共通の飛行準備課程を履修し、これを終えると、いよいよ実機（T‐7初等練習機）を使った、操縦の基本的技術と知識を習得する初級操縦課程に進む。この課程を修了すると、次の基本操縦課程では、適性や希望によって戦闘機、輸送機、救難機（回転翼機など）などの機種別のコースに分かれる。

天ケ瀬２尉はアメリカ空軍に留学し、T-６練習機とT-38練習機で基本操縦課程を履修した。（米空軍）

戦闘機操縦者を養成する基本操縦課程は前期（約6か月）、後期（約8か月）で、T-4中等練習機によりジェット機操縦の基礎を学ぶ。初級操縦課程を修了した一部の学生は米空軍に委託して行なわれている課程（T-38基本操縦課程）に留学する者もいる。

こうして基本操縦課程の前期と後期を修了すると、空自パイロットの証しである、栄光の「航空き章（ウイングマーク）」が授与される。ウイングマークは羽ばたく鷲と桜花をデザインしたものだ。国内の操縦課程を修了した者は、同時に国家資格である事業用操縦士免許も交付され、晴れてパイロットとして認定される。

天ケ瀬はウイングマークを米国留学で取得した。

「同期の米国留学は10人ほどでした。まず半年ほどテキサス州にある米軍の語学学校に入校します。そして、ミシシッピー州の空軍基地に移り、プロペラ機のT-6練習機、続いてジェット機のT-38練習機で、それぞれ半年間操縦を学び、ウイングマークが与えられます。さらに2か月間、T－4の戦闘機基本操縦課程にあたる訓練を履修して帰国しました」

国内の飛行教育部隊や米国留学で、戦闘機操縦者を養成する基本操縦課程を終えたパイロットは、次に機種別に飛行教育航空隊第23飛行隊（新田原基地）での戦闘機操縦（F－15）課程、第4航空団第21飛行隊（宮城県・松島基地）での戦闘機操縦（F－2）課程で、実用戦闘機での本格的な操縦、戦闘・戦技を学ぶ。

2000年代初めまでは、戦闘機操縦課程にはF－15による課程と、T－2超音速高等練習機による課程があり、T－2の課程に進んだ者は、F－15、F－4、F－1、どの機種に乗るかは、この課程を終えたところで指定されていた。そしてF－15あるいはF－4の要員には、さらにそれぞれの機種転換操縦課程が設けられていた。

この機種の指定はパイロット学生本人の希望や適性もさることながら、時の空自全体の人事施策や、それぞれの将来のキャリア形成などが考慮されるので、必ずしも希望がかなうとは限らない。だから、前述した奥村飛行隊長のように、F－15に乗りたくてパイロットになったのに、最初はF－4に乗ることになったケースもある。

戦闘機操縦課程

天ケ瀬は米国留学から帰国して、飛行教育航空隊第23飛行隊での課程に進んだ。初めて乗ったF‐15はどんな印象だったのだろうか。

「T‐38は小型軽量で翼面積が小さく、操縦者の操作や感覚がダイレクトに伝わる飛行機でしたが、F‐15は機体の大きさもT‐38の3倍近くあり、飛行を制御する高度なシステムも組み込まれているので、操縦感覚もまったくちがいます。おまけにレーダーや、練習機にはなかったアビオニクス機材がどかっと増えて、初めは何が何だかわからないというのが正直な感想でした」

パイロットをして、手が4本ほしいと言わしめるほどF‐15のコックピットのスイッチは、本機の誕生から約40年間経過し、電子機器の技術が進歩した現在も減ってはいない。

「宿舎には、簡易的な模擬のコックピットがあって、毎晩、時間があれば、そこに座って、取扱説明書を見ながら手を動かして操作を身体に覚え込ませようとしました」

そんな努力を重ねながら、F‐15での飛行時間約90時間の戦闘機操縦課程を修了し、イーグルドライバーとなった。

「私はあまり成績がよいほうではありませんでした。途中で自分はパイロットを諦めたほうがよいのではないかという、成績不振が何度もありました。そのたびに模擬のコックピットでの練習を繰り返しました。課程修了時は、何とか、ここまで乗り越えることができたなと、とても感慨深い思いでした」

戦闘機操縦課程ではフライトを中心に、要撃戦闘、対戦闘機戦闘、空対空射撃、戦闘航法など実戦的な飛行訓練と、乗機のメカニズム、武器やレーダーなど搭載機器システム、加えて航空法、国際法、防衛関係の諸法規などに関する座学もある。

座学、フライト訓練、また座学と繰り返され、身体と頭を徹底的に絞り上げられる。天ケ瀬もそうしたように、習ったことを身体に覚え込ませるため反復練習する日々が延々と続くのである。しかも、毎日のように教官からの厳しいチェックにさらされる。いくら学生本人が一生懸命に努力しても、また何回やっても進歩なしと判定されると当然、成績に影響する。この段階でもパイロットとして不適格となることもあり、ようやく、ここまで来たのに道半ばで諦めざるをえない場合もあるのだ。

第305飛行隊に着任

戦闘機操縦課程の厳しい訓練を乗り越えた者たちには「1113F◯」の数字とアルファベットの記号からなるナンバーが、防衛大臣から航空幕僚長を通じて付与される。ジェット戦闘機のパイロットを示す「特技職番号」である。

「1113」は航空機操縦の特技番号、続く「F◯」はFAがF-15、FGがF-2、FCがF-

35という具合に機種を示す。ちなみに2020年にすべて退役するF‐4ファントムはFB、退役したF‐1支援戦闘機はFDだった。

第23飛行隊での課程を無事修了した天ケ瀬も、111３FAの特技職番号を与えられ、2018年1月、F‐15を装備する航空団（飛行隊）の一つである第5航空団第305飛行隊に配属された。幹部候補生として入隊して5年が経過していた。

こうして、制度上では一人前になったパイロットも、配属された飛行隊では、まだ「新人」であり、ここでの仕事は上司や先輩たちのためにコーヒーを用意したり、事務室やブリーフィングルームの清掃、事務作業の補助などの雑用からスタートする。

F‐4時代に比べ、ずいぶんスマートになった今の第305飛行隊の雰囲気は、天ケ瀬2尉の目にどう映ったのだろう。

「上司、先輩方は皆、気さくで明るく風通しのよい飛行隊です。この点、私は恵まれていると思います」

飛行隊に着任した新人には、早々に大切な行事がある。新人歓迎会とその席でのタックネームの〝授与〟である。

「私が飛行隊に着任したのは、ちょうど日米共同訓練が新田原基地で始まり、基地に米軍部隊が展開してきたタイミングと重なってしまいました。普通ならば、着隊したその日か、翌日に歓迎会があり、そこでタックネームが決まるんですけど、米軍の受け入れのため忙しく、その余裕がなかったのです。それで米軍の歓迎会をやるから、そこで決めようということになりました」

タックネームは一応、本人からも提案できるが、たいていは宴席で、しかもかなり酒が入った勢いで、先輩たちの思いつきによって命名されることが多いという。これからパイロットでいる限り、長く使うコールサインを決めるにしては、かなり乱暴な話だ。

「それで私には、いい案がなかったのですが、米空軍の整備隊の軍曹が『うちの部隊のマスコットの鶏の名がスパーキーなんだ。それにしたらどうだい?』と言ってくれました。なかなかカッコいい名前だったので、それでお願いします、ということになりました」

タックネームが決まれば、パイロットは実動部隊の一員として任務を遂行できる実力をつけるための練成訓練(トレーニングレディネス)に入る。まずは対領空侵犯任務につける資格をとるのが目標だ。

戦闘機乗りの条件

いよいよ、戦闘機乗りとしての腕を磨く段階に入った天ケ瀬2尉の当面の目標は、部隊の即戦力になるパイロットになることだった。

「まずはウイングマンとして、AR(アラートレディネス:対領空侵犯措置任務が可能。すなわち、警戒待機、実任務ができる）資格を取ったので、今はCR（コンバットレディネス：有事に敵機と直接戦闘ができる）資格取得の訓練中です」

部隊配属以降の訓練を経て、ARの資格を取得し、何回目かについた警戒待機中、初めてのホットスクランブル（実任務の緊急発進）がかかった。

「緊張に加え、間違いなく任務を遂行するのが精いっぱいで、着陸後、やっと、ここまでできるようになったことを実感しました。同時に今までは訓練だけでしたが、本来の仕事で役に立てるようになったのだと……」

天ケ瀬は、こうして念願の防空最前線の現場を経験した。

「CRの資格をとるための訓練の終盤には他機との連携が必要な課目があり、訓練の最終段階なので、その時もようやくここまで到達したんだという思いでした」

本格的な空中戦訓練を積み重ねるようになった天ケ瀬が考える、戦闘機乗りの条件とは何なのだろうか。

「まず、戦闘機パイロットは目がよいことではないでしょうか」

筆者は第23飛行隊の教官パイロット立元3佐が54キロメートル先まで見えると言っていた目視能力の話をした。

「立元教官は私の主任教官でした。私は条件がよければ、36キロまで見えます。視力の次は先を読む力です。状況に応じて、瞬間的に見て判断し行動する。経験を積まないとそれはできません」

空中戦の状況を見渡して、1秒後、2秒後、3秒後どうなるか予測しながら、最速で敵機を撃ち落とせる一点に向け最適の機動を開始する。そして、敵機の後ろに占位しつつ、自機の後ろには敵機がいないことを確認して、一撃を加えすぐに離脱する。

「まさにそういうことです。空中戦は三次元で展開されるところに難しさがあります。そこではコントロールしなければならない要素が無限にあります。しかも、その一つひとつが連動しています。たとえば、自機の速度、高度、飛行している方向、そして三次元の中で自機と敵機の位置関係。これらのベクトルのすべてがうまく連動しないと、自分が行きたい位置に行けないのです。当然、敵機も同様に優位な位置を追求します」

その位置とは、相手を攻撃し撃墜できる状況だ。大学で学んだ物理工学が役に立つこともあるのだろうか。

「自機と敵機の位置関係が時間の経過とともに、こうなるんだろうなという機動予測を作図します。こういう時には物理工学で長く使い続けてきた三角関数、ベクトルなどの知識を活用して、人より多少、早くできるかもしれません」

さすがである。筆者のような一般人の日常生活では、まったくと言ってよいほど縁のない数学の定理だが、ここでは国防に大きく寄与しているのだ。

上空で多数の戦闘機を率いるにはＭＬ（多数機編隊長）の資格が必要。

さらなる目標

「戦闘機に乗り始めて最初のうちは、三次元の動きの中で自機と相手機の位置関係を正しくつかめない」

空中戦は機械の性能だけで勝負はつかない。決め手はそれに乗る人間、戦闘機乗りの能力だ。

「飛べば飛ぶほど、飛行時間を重ねれば重ねるほど、わかってくるものです。しかし、飛行時間は限られています。その中で所要のレベルまで到達しなきゃならないので、つねに研究が欠かせません」

天ケ瀬２尉が考える空中戦の極意はあるのだろうか。

「いま研究中です。先輩たちの中には、信じられない旋回半径でＦ-15を機動させ、機首を向けてくる達人がいます。まだ、その技を盗むレベルには達していません」

ＣＲ資格を取得しても、戦闘機乗りは、さらに上の資格を目指さなければならない。目指すは、EL（エレメントリーダー：2機編隊長）、FL（フライトリーダー：4機編隊長）、ML（マスリーダー：多数機編隊長）の資格だ。

「せっかく戦闘機パイロットになった以上、そこまで到達したいです」

天ケ瀬には、さらに大きな夢がある。

「飛行隊長は今の上司の奥村隊長しか知らないのですが、厳しさと包容力を併せ持っており、たいへん尊敬しています。締めるところは厳しく、一方、温かく見守っている。当然、先頭に立って部隊を統率するため全体を見ながらも、つねに細かいところまで気を配る、素晴らしい指揮官です」

筆者は聞いた。天ケ瀬2尉もいつかそんな隊長を目指しているのか。

「そういうことですね」

第305飛行隊を舞台に日々、腕を磨くパイロットの大きな目標である。

戦闘機パイロットにしかできない仕事

続いて話を聞くのは、第305飛行隊のいわば戦力の中核といえる中堅のパイロットである。

飛行隊のブリーフィングルームの扉が開くと、一見、あまり目立たなさそうな雰囲気の男が入ってきた。パイロットスーツ姿でなければ、この人が飛行時間2000時間の凄腕イーグルドライバーだとわからないだろう。

有働《うどう》明生《あきお》1等空尉（35歳）。2003年、航空学生（59期）として入隊。熊本県出身の有働は小学生の時に新田原基地の航空祭で、迫力いっぱいのF-15の展示飛行を見て、そのカッコよさに憧れたのが、戦闘機との出会いだった。

高校卒業後、大学進学を目指し浪人中だったが、自衛隊航空学生の制度を知り、進路を変更した。

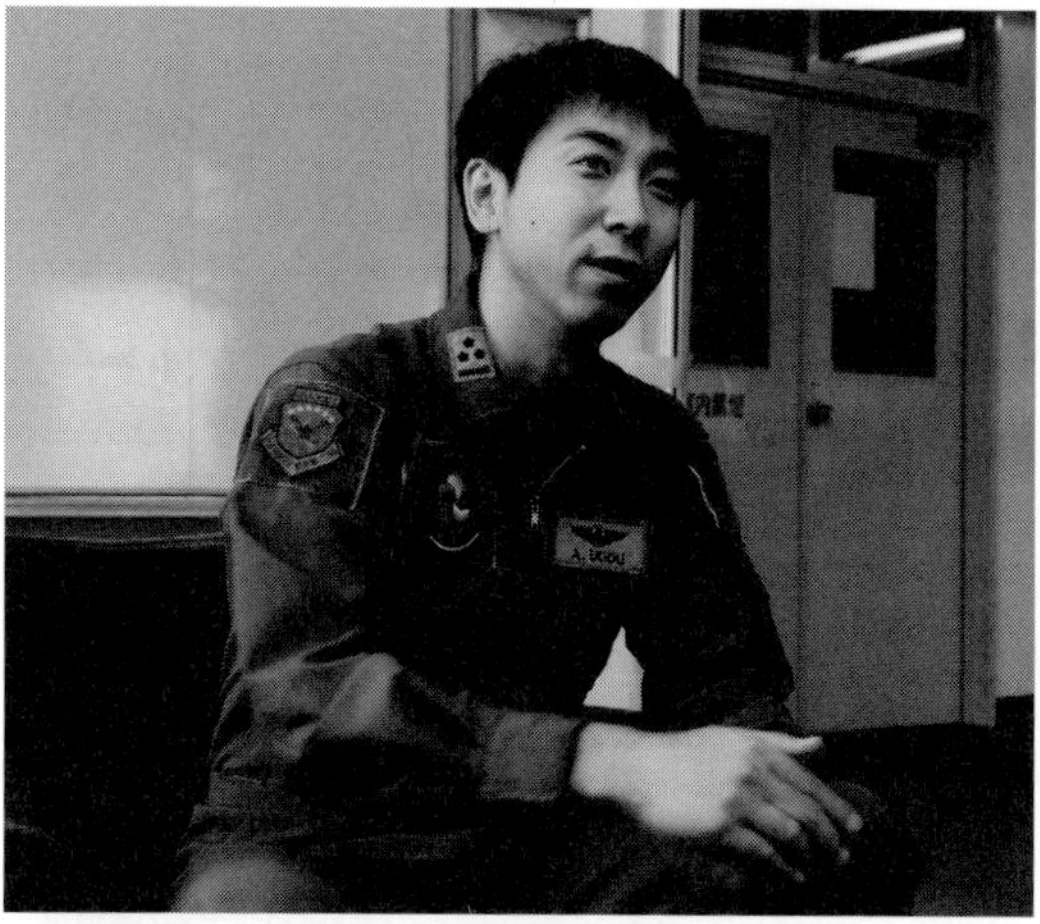

有働明生1尉。浪人中に自衛隊航空学生のチャンスをつかみ、そしてイーグルドライバーになった。一騎当千のファイターはやはり何かを持っている。

まずは、航空学生時代の思い出を語ってもらった。

「入隊直後の基礎訓練では、小銃射撃の訓練もありましたし、銃と背嚢、合わせて20キロ近い装備を担いでの60キロメートル行軍もありました。体力練成の持久走では、走りながら吐いたこともありました。これらの訓練が、とてもきつかったことばかり記憶に残っていますね。飛行教育課程も試験、試験の連続で、ようやく戦闘機操縦課程を修了して、F-15の操縦資格をもらった時は『やっとイーグルドライバーになったのか』と、とてもうれしかったです」

スクランブル（緊急発進）のデモを見せてもらった。発進がかかると待機室から飛び出すパイロットと整備員。この光景が毎日どこかの基地で繰り広げられている。

実動部隊への配置は、パイロット学生の時に世話になった厳しくも面倒見のいい先輩がいた百里基地の第305飛行隊を希望した。

「その先輩には、いろいろなことを教えてもらいました。パイロットの基本を学ばせてくれた人です」

そして、有働も実動部隊の一員としてパイロットの道を歩み始めた。

「初めてのスクランブルで実任務を経験した時は、国を守っているという実感よりも、緊張のほうが大きかったです。何が起こるかわからない外国の航空機と対峙しているので、失敗は許されないという緊張です。しかし、これは戦闘機操縦者じゃないとできない任務です。そこに大きなやりがいを感じています」

有働は一時、浜松基地の第1航空団でT-4

整備員の動きも列線整備の時とは違う。すでに機体の準備が整っているからだ。なお実際のスクランブル機は掩体に収容され実弾（ミサイル）を装備している。

の基本操縦課程（後期）および戦闘機基本操縦課程の教官を務めたのち、再び第３０５飛行隊に戻ってきた。現在、有働はＦＬ（フライトリーダー：４機編隊長）の資格を持つ。

継承される伝統

おそらく現在の第３０５飛行隊で合計の在籍期間が最も長いパイロットの有働は、部隊のことも最もよく知る一人であろう。まず、あの発進前に列線で睨みをきかせていた奥村飛行隊長のことから聞いてみた。

「あっ、隊長が見守っているなって。特別、それを意識することはありませんが、見られている、しっかりやろうって気になるのは確かです。もちろん、いつも、しっかりやっていますけどね。でも、やっぱり気持ちは引き締まります」

奥村隊長の思いは、ちゃんと部下たちに通じていた。

「第305飛行隊は、下から上にものが言いやすく、言うべきことは遠慮なく何でも言える雰囲気があると思います。風通しがよく、明るいところは昔からの飛行隊の伝統です。そんな上下の意思疎通の垣根が低いのは隊長以下、みな同じです」

よき伝統、気風は人が作り、育み、継承されていく。今や部隊ではベテランの一人となった有働もその役割を担っている。

「先日、飛行隊の創設40周年記念行事をここで催したのですが、部隊が百里にいた時も、30周年記念行事に参加しました。それから10年間、初めて勤務した部隊で、ずいぶん成長させてもらったなと感じましたね」

現在、第305飛行隊には空自初の女性イーグルドライバーもいる。

「外から見れば、確かに女性の空自戦闘機パイロット第1号ですから、注目されるのも当然かもしれませんが、女性が来たからといって、飛行隊の雰囲気は何も変わってないと思いますよ。じつは彼女、私が浜松での教官時代の教え子なんです。飛行隊に配属されてきて再会したのですが、彼女の操縦者としての意欲や姿勢は変わっていないです。操縦の腕もセンスもいい。私が教えていた時よりもさらに上達したと思います」

ウェポンスクール

有働の飛行服の右肩には、赤い星に刺さった2本の銀の矢、6つの銀星からなるシンボルマークの下に「FIGHTER WEAPONS SCHOOL」と英文で記されたパッチが付いている。これはイーグルドライバーならば、誰でも目指す「F‐15戦技課程」の修了者だけに与えられる特別なパッチだ。

この課程は、第6航空団第306飛行隊（石川県・小松基地）が担任しており、全国のF‐15飛行隊から選りすぐりのパイロットを集め、高度な戦技・戦法の教育・研究プログラムで「ファイターウェポン」課程、あるいは「ウェポンスクール」などと呼ばれている。空自における、いわば「トップガン」養成コースである。この課程の修了者は原隊に帰ると、そこで学んだ高い技量、知識と経験をもって飛行隊の戦力の中核として任務遂行にあたるとともに、戦技指導者として部隊の能力向上を担うことになる。

「約半年の課程なんですが、イーグルドライバーになって、10年目にやっと行けました。最高度の空中戦テクニックをもって敵を倒す、それを教える者を養成する課程です」

どんな訓練をやるのであろうか。多くのパイロットたちが言っていた空中戦の極意「敵に気づかれずに落とす」、これを伝授してくれるのだろうか。

「それもありますし、それ以外のもっと高度な課目もあります。たとえば、地上の兵器管制官と連携した戦闘や、通常では行なわないような機動、戦術戦法の研究もあります」

いちばん理想的な戦い方は、相手に気づかれず、対応の時間を与えず、敵機を撃墜することであろう。すると、これは格闘戦に持ち込まず、勝負をつけるのが最善の策ということか。

「そうだと、私は思います」

具体的には、近年、性能が向上している長距離空対空ミサイルが大きな威力を発揮するにちがいない。

「それも、手段の一つです」

さらに現在は、レーダーに映らないステルス戦闘機の出現で、これと対決することも想定する必要があるだろう。

「私はステルス機と対戦したことはないので、わからないのですが、一般論として、最終的には目視範囲内での戦いは、これからもあると思います」

そうなると、空中戦の原点である格闘戦が繰り広げられるのか。

「最終的にはそうなるかもしれないですね。だから、格闘戦の訓練をすべてなくすことはできないと思いますね」

ウェポンスクールでも、格闘戦訓練はやるのだろうか。

「やります。相手となるのは飛行教導隊出身のベテランもいるので、この課程では、学ぶ側も教える側も、うまい人たちばかりです」

日米共同演習で米空軍のB-52H爆撃機と編隊を組む空自F-15。(米空軍)

これは、なかなか手ごわい空中戦だ。目視で敵機を捉えることができる距離が、勝負の鍵となる。有働もこの点、ずば抜けた能力の持ち主だ。

「最大で25マイル(約46キロメートル)くらいまで見えました」

中距離ミサイル戦の距離である。きっと、格闘戦でも腕が立つにちがいない。

「でも、個人的な考えでは、格闘戦はやらないほうがいいと思っています。その前に撃墜するのが大事です。だから、敵から見えない位置から攻撃して、敵に気づかれないまま、撃墜するのが、今の空中戦の定石《じょうせき》です」

ウェポンスクールを修了すると、飛行隊では一目置かれ、尊敬の対象になるのだろうか。

「とてもじゃないですけど、この課程を修了した先輩たちがたくさんいるので、私はその中の一人にすぎません」

パイロットと兵器管制官

ウェポンスクール修了者の有働が考える空中戦で強いのは、どんなパイロットなのか聞いた。

「強いのは、どんな戦闘でも生き残れる者じゃないですかね。当たり前すぎる言い方ですが、撃墜されないことでしょう」

撃墜されないコツや極意はあるのだろうか。

「コツはないと思います。撃ち落とされないため日々、訓練するだけです。強いて言えば、自機、僚機、そして地上の兵器管制官を含めて、この三者がしっかり連携して、敵に対して隙を作らず、こちらに有利な状況を作るようにすることでしょうか」

ここで「兵器管制官」について説明しよう。戦闘機は航空作戦の〝槍の穂先〟と形容したが、平時からの対領空侵犯措置はもちろん、有事の防空作戦においても、戦闘機を槍の穂先たらしめているのは「JADGE（ジャッジ・システム）」と呼ばれる自動警戒管制システムである。

日本周辺の空は全国28か所のレーダーサイト（SS：防空監視所）が常時、監視している。このレーダーがキャッチした航空機の情報は、ジャッジ・システムのデジタル・ネットワークによって防空指令所（DC）および各航空方面隊戦闘指揮所（SOC）、さらに上級の指揮組織である航空総隊司令部に伝送され、全国的規模で一元処理された目標として、捕捉・追跡が開始される。

同時にDCは、追跡中の目標の敵味方（国籍）識別、情報処理を行ない、戦闘機を指向する場合は航空団にスクランブル（緊急発進）を発令する。DCは目標への戦闘機の誘導や、防空作戦おいては目標の割り当て、侵入機に対する地対空ミサイル（ペトリオット）や陸自の地対空ミサイルの指向も行なう。

つまり、DCは航空作戦の神経、頭脳の中枢であり、ここでSSからの情報が刻々と映し出されるディスプレイ上のブリップ（輝点）を見ながら、戦闘機や地対空ミサイルなどの兵器を指向しコントロールするのが「兵器管制官」（注、戦闘機を官制するのは「要撃官制官」）である。

「空中勤務者」のパイロットと「地上勤務者」の兵器管制官は、ふだんはどんな関係なのだろう。

「仕事の内容も所属する部隊もちがいますが、訓練などをとおして交流はあります。訓練では兵器管制官のおかげで助かったということもありますね。そんな時は、帰投してから『上空では助かりました。ありがとう』と伝えます」

訓練では複座のF‐15DJの後席に兵器管制官が同乗することもある。

「通常の飛行訓練の際などに同乗してもらいます。実際に戦闘機に乗ることで、その性能や機動、パイロットの感覚や、訓練の状況を確認してもらうのが目的です。ふだん、地上からコントロールしている飛行機が、空中ではこのように飛んでいる、外の様子はこのように見えるのだというのが伝わります。旋回時の大きなGなどを体験してもらうと、兵器管制官から『ずいぶん、きついものですね』などと、体感的に理解してもらえます」

現代の航空作戦は、空中、地上の「トータル・ウェポン・システム」によって遂行される。その中で兵器管制官はパイロットにとって、戦いの結果を左右する、最も密接なカウンターパートなのである。

有働は、これまで日米共同訓練などで空自が装備している以外の戦闘機との空中戦の経験も豊富だ。

「米空軍のF‐16、F‐15、米海軍のFA‐18です。F‐16と対戦した時は、相手がまだ未熟だったようで容易に勝てました。FA‐18は、すごく小回りが利き、なかなか手ごわい相手でした。2対1でやったんですが、勝った負けたの判定は、ちょっと難しいところです」

最後に空中戦に必要なスキルとは何か聞いた。

「情報処理能力が高い人、そして、やはり体力でしょう。筋力がないと、Gに負けてしまいます。私は35歳ですが、20代の頃とあまり変わりません。戦闘機乗りとしての身体は航空学生時代に作られましたから」

ヒートミサイル2発、レーダーミサイル2発を搭載しての飛行。

第305飛行隊に緊張走る！

今回の3日間の新田原基地の取材の最終日。その日も、次のインタビューの前、第305飛行隊のブリーフィングルームで待機している時だった。

飛行場地区の雰囲気が、前日までのそれとはちがうのを感じた。F-15が並ぶ列線も緊張に包まれているようだったが、それが何であるかはわからなかった。ただ一つわかるのは、空自が関係する出来事が進行中なのだということだった。

筆者は飛行場地区が見渡せる隊舎の2階に移動させてもらい、その隅から飛行隊の列線、滑走路を眺めていた。すると、滑走路の近傍にあるアラートハンガー（緊急発進用格納庫）の扉が突然、開き始めた。

ホットスクランブルだ！　アラートハンガーの中から２機のＦ‐15が現れ、速やかに滑走路に進入すると、２機はアフターバーナーを最大出力にして離陸を開始した。スクランブル機は、ヒートミサイルとレーダーミサイルを搭載していた。

２機は、通常訓練で離陸する場合の半分ほどの滑走距離で機体が浮き上がり、あっという間に大空の彼方に消えていった。

ＲＦ‐４飛来

このあわただしい動きは、新田原基地の第５航空団の作戦機の行動エリア内の空域、あるいは海域で何かが起きているのは、間違いないようだったが、それが何なのか、筆者と取材案内に同行していた前田２佐にも知らされることはなかった。

待機していたブリーフィングルームに戻った時だった。

「あっ、ファントムのエンジン音だ」

飛行場地区から聞こえてきた騒音に前田２佐が声を上げた。筆者にも懐かしいエンジン音である。しかし、ここにはＦ‐４はいない。

再び隊舎の２階に上がり、滑走路を望むと、百里基地の偵察航空隊第５０１飛行隊のＲＦ‐４Ｅ偵

百里基地からRF-4E偵察機も2機飛来した。訓練ではなく、実際の偵察任務だった。先ほどのスクランブル機と関連があるのか？

察機が2機着陸した。赤と白のドラッグシュートが開く。

2018年冬、前著『永遠の翼 F-4ファントム』の執筆のため、たびたび百里基地に通って第7航空団のF-4、偵察航空隊のRF-4を取材した。飛来したRF-4のパイロットは、なんと、その時の取材で面識のある方だった。懐かしさとともに、ここで再会するというのは、何とも奇異な縁である。

1機のRF-4は、2018年12月の百里基地航空祭で見た、グリーンとカーキの迷彩に機首にはシャークティース、偵察カメラのフィルムの絵柄を描いた塗装もそのままで、もう1機は、ブルーの洋上迷彩だ。

2機とも3本の増加タンクを懸架《けんか》している。いちばん長距離を飛ぶ仕様だ。

2機の燃料補給、機体点検が始まり、筆者は懐かしいRF‐4をもっと眺めていたかったが、次の取材のため、駐機場を後にした。

中国艦隊の出現

その日（2019年6月11日）の夕方、取材を終え宿に戻ったところ、昼間見た基地に緊張をもたらした原因がわかった。

テレビのニュースでは、中国海軍の空母「遼寧《りょうねい》」とミサイル駆逐艦、最新鋭の補給艦など計6隻の艦隊が、沖縄の宮古海峡を通過して、西太平洋上を航行しているのを防衛省が確認したと伝えていたのだ。

当然、この中国艦隊の行動にともない、中国本土から飛び立った中国軍機の行動も活発化が予想される。第305飛行隊のF‐15のスクランブルは、それに関係したものだったのかもしれない。また、百里基地から飛来したRF‐4は、中国艦隊の情報収集のためと推測できる。

新田原基地の第5航空団は、那覇基地の第9航空団の後詰めだ。この二つの空自部隊の存在は、中国の海軍空軍から見れば、わずらわしく、安易なことはできない大きな障害に映るだろう。こうして、わが国の領空、領海、領土は守られている。日々こんな事象にすぐ対処できるからこそ、平和は成り立っている。それを実感した日だった。

こうして、この取材では第一線のF-15飛行隊の部隊とイーグルドライバーたちの様子をつぶさに見聞きするとともに、図らずも空自の実任務の一端を目撃することにもなった。

次章はこれからの空自戦闘機のミッションがどう変わりつつあるのか、それはF-15の運用に何をもたらすのか、小松基地の最強の戦闘機パイロットたちへの取材から探っていく。

第6章　ウェポンスクール——第306飛行隊（第6航空団・小松基地）

小松基地

航空作戦の様相は激変しつつある。37年にわたり、わが国の防空のまさに一翼を担い、そしてこれからも当分のあいだ第一線で活躍するであろうF-15には、どんな未来が待っているのであろうか？

それを探るため筆者が向かったのは、石川県の小松基地。ここは本州の日本海側に所在する唯一の戦闘機部隊として実動任務についている第6航空団の第303、第306飛行隊がいる。

そのうち第306飛行隊は、第2章でも触れた戦闘機乗りを鍛える「F-15戦技教育課程」、別名「ファイターウェポンスクール」を担任する部隊だ。さらに小松基地には、〝アグレッサー（仮設敵）〟部隊として、厳しい訓練指導でパイロットたちを震え上がらせている飛行教導群もいる。

日本海に面する小松基地。離陸後すぐに日本海上空の訓練空域に入ることができる。訓練には最適の位置にある。

ここはF‐15の精鋭が集う基地と言ってよいだろう。F‐15の将来を知る手がかりが、きっと見つかるにちがいない。

小松基地は、もともとは1944年に造られた旧海軍の飛行場で、1961年に空自の航空基地が開設された。現在は2700メートルの滑走路をはさんで北西の海側に民間の小松空港ターミナル、その反対の内陸側が空自基地として使用される官民共用の飛行場である。

2019年8月上旬、朝から真夏の日差しが降り注ぐある日、小松基地の正門に到着した。第6航空団司令部広報班長の石黒巧眞《いしぐろたくま》1等空尉の案内で、大小のパラボラアンテナが屋上に設置された第6航空団の庁舎地区を抜け、空自の飛行場地区に向かった。

タックネーム「備前」の由来

最初に訪ねたのは第306飛行隊。同隊は1981年にF‐4EJ装備の飛行隊としてはいちばん最後(6番目)に新編され、1997年、F‐15に機種改編された8番目の飛行隊となった。飛行隊の愛称は「ゴールデンイーグルス」、部隊マークは石川県の県鳥である白山のイヌワシをモチーフにしている。飛行隊の隊舎屋上にゴールデンイーグルの旗がはためいていた。

飛行隊の隊舎に入ると、すれちがうパイロットや隊員たちが、初対面の筆者の会釈に必ずきちんと目礼を返してくる。F‐15飛行隊の雰囲気は、どこでもつねに紳士的で礼儀正しい。まずは飛行隊長から話をうかがうことにした。

隊長室のドアを開けると、そこには大きく羽根を広げた飛行隊のシンボル、イヌワシの剥製が迎えてくれた。しばらく待つと、飛行隊長が現れた。

第306飛行隊長、吉満淳一《よしみつじゅんいち》2等空佐（39歳）。ピンと張り出した両耳はどんな小さな音も聞き逃さず、鋭い眼差しは狙った獲物は絶対に逃さない猛禽類のような印象だ。いかにもイーグルたちを率いるリーダーといった風貌である。

第306飛行隊隊長吉満淳一2佐。航空自衛隊生徒からイーグルドライバーへ。その出発点は若くして散華した特攻隊員の思いを知ることだった。

岡山で生まれ育った吉満は、子供の頃から、たびたび父方の郷里、鹿児島で夏休みを過ごした。中学生だったある夏休み、祖母から「どこか、行きたいところない？」と聞かれて、たまたまテレビで見た終戦記念番組で知覧の特攻隊平和記念館が紹介されていたのを思い出し、そこをぜひ見学したいと伝えた。

訪れた特攻隊平和記念館で目にしたのは、かつてそこから飛び立ち、帰らぬ人となった若者たちの遺影だった。多くの特攻隊員たちは、これから死ぬとわかっているのに笑顔で写真に納まっている。多感な時期の吉満少年には大きな衝撃だった。それとともに疑問を抱いた。

「自分とあまり歳も違わないこの人たちは、なぜ笑って行くことができたんだろう？」

そして、その疑問に対する一つの答えが「似たような環境、職務に自分も就けば、彼らの心情のほんの一部でも理解できるのではないか」ということだった。

これがきっかけで中学校を卒業後、門を叩いたのは、航空自衛隊生徒（いわゆる「少年自衛官」制度として中学卒業で入隊、技術分野の曹を養成するコースだったが、空自、海自では2007年入隊者をもって廃止）である。

4年間の生徒課程を修了した吉満は、航空自衛官を志した当初の動機どおり、戦闘機乗りを目指し、幹部への選抜試験を突破、一般幹部候補生（92期）となり、さらに飛行教育の課程に進み、2006年、念願のイーグルドライバーとなった。

経歴が示すように、いささか異例のコースを経てパイロットなったのだが、そんな苦労を微塵も感じさせないよどみない口調と精悍な表情でインタビューに答えてくれた。

「飛行教育航空隊（現在の第23飛行隊）でF‐15の戦闘機操縦課程を修了して、最初の配置は第306飛行隊でした。その後、航空幕僚監部などでの勤務を経て、2019年に再び、隊長として戻って来ました」

現在までの飛行時間は１７００時間。タックネームは「備前」。この名の由来を聞いてみた。

「故郷の岡山、昔の備前は刀剣の産地です。なかでも備前《びぜん》長船《おさふね》兼光《かねみつ》の作は名刀と呼ばれ、私もそんな鋭い切れ味を象徴する名前がほしいと思い、希望どおり、このタックネームになりました」

まさに「名は体を表す」である。

第３０６飛行隊

第３０６飛行隊の大きな特色は、前述のとおり「Ｆ-15戦技教育課程」を担任していることだ。これは２００５年、それまで担任していた飛行教導隊から引き継いだものだ。

「本来の任務以外にこのような課程を受け持っているのは、全国の飛行隊の中で第３０６飛行隊だけです。『ファイターウェポンスクール』をどこでやるのがいちばんよいかと考えた時、ここ小松基地には北海道とほぼ同じ広さを有する「ゴルフ（Ｇ）空域」が使用できます。中距離、遠距離での交戦を想定した訓練をするには、とても適した環境なんです」

一般人は、空は無限に広がっており、戦闘機の飛行訓練もどこでも自由自在にできるかのように考えがちだが、日本とその周辺の空は民間機の交通路が錯綜する超過密な空間で、行政上、安全上、訓練空域はその範囲、高度などが厳密に定められている。このような制約の中で、効率的、効果的に訓

小松基地第306飛行隊の列線。日本海に面した国防の最前線であり、またイーグルドライバーの高みを目指す修業の場でもある。

練を実施するのに、苦心しているのが空自の実情なのである。

さて、F・15戦技教育課程は、どんな目的で設けられているのだろうか？　吉満隊長は次のように説明してくれた。

「装備している戦闘機、F・15イーグルの性能を最大限に発揮させて、任務を遂行できる能力を各部隊に普及させる。そして各部隊のレベルを向上させていく『戦技指導者』を育成するのが任務です。そして、この指導者が部隊に戻り、今度はその部隊で人を育てるというサイクルを続けていくのが大きな目的です」

つまり、イーグルドライバーの中のイーグルドライバーを育成するというわけだ。すると、第306飛行隊にはF・15を知り尽くし、最高の技量を持った腕利きのパイロットがたくさんいるにちがいない。さらに詳しくウェポンスクールの中身を教えてもらうため、吉満隊長から二人の教官パイロットを紹介された。

ウェポンスクール教官に聞く

その教官の一人は小川堅司3等空佐（43歳）。大阪府出身、航空学生（51期）。背が高く、がっしりした体格で、何事にも動じない「ジャイアント」の冠称を付けたくなるような益荒男《ますらお》だ。もう一人は石津谷友規《いしづやとものり》3等空佐（37歳）。静岡県出身、航空学生（56期）。つねに口元に優しげな笑みを浮かべているが、それが逆に緊張感を誘う。厳しい講評をさらりと述べて、相手をハッとさせるタイプと筆者は見た。

この二人に質問に答えてもらった。

――ウェポンスクールとは、具体的にはどんな教育をしているのですか？

石津谷「近代化改修機のＦ‐15ＭＪによる戦闘方法と、要撃管制官によるその管制方法、これらの高度な知識と技能を教育・修得させています」

――この課程には、どんなパイロットと要撃管制官が来るのですか？

石津谷「この課程には1年に一度、全国のＦ‐15飛行隊から選ばれたパイロット4人、要撃管制官2人が来ます。教育・訓練の期間は約6か月です」

第306飛行隊小川堅司３佐。F-15ウェポンスクールの教官。イーグルドライバーの頂点を目指す学生の資質を見極める。

――その6か月間、どんな訓練をするのですか？

石津谷「詳しくは言えませんが、フライトによる訓練のほかに各種装備品に関する座学、技術的な知識を吸収するための企業研修、さらに自主研究もあります」

――まるで大学院のマスターコースか、博士号を取得するドクターコースのようですね。

小川「テストはないですけど、学んだことをちゃんと理解しているか、フライト前のブリーフィング、フライト後のデブリーフィングで確認します。空中戦の訓練は1対1から始めて、多数機による戦闘訓練へと段階的に進めていきます」

――訓練期間中、もし成績が悪いと途中で教育中止、原隊へ帰されることもあるのですか？

小川「ここの学生は所属部隊からの推薦で来ていますから、基本的にここでの訓練に耐えうる者しかいないので、そういうことはありません」

――ここの課程を修了して所属部隊に帰ると、威張れるのでしょうか？

小川「いえ、逆に威張れません。あいつは、あそこから帰ってきたやつだぞ、という目で見られます」

――つまり高い技量、戦技を持っているのは当たり前。だから、少しでも隙があれば、この程度か、と見られるというわけですか？

小川「そういうことです」

――航空専門誌などにはウェポンスクールについて、米海軍のパイロットの戦闘機兵器学校、いわゆる『トップガン』みたいな課程だと紹介している記事もありますが、あの映画のような異機種による近距離空中戦訓練をしているのですか？

小川「目視できる距離に限らず、目視外の訓練もやります。空中戦は、そこから始まるわけで、遠くからレーダーで発見し、電子戦で

第306飛行隊石津谷友規３佐。F-15ウェポンスクールの教官。優しい顔しているが学生には厳しい指導をしていると感じた。

F-15ファイターウェポン・コース修了者のパッチ。

敵を翻弄しながら、最後に目視距離での格闘戦になる。そんな総合的な訓練をしています。訓練では敵機役をいかにうまくやっつけるかというテクニックを突き詰めていくのです」

――その敵機は誰が演じるのですか？

小川「第306飛行隊には戦技課程教育班があり、この教官が敵機役を務め、学生と対戦します」

――それらの訓練でF-15にはどんな武器の搭載を想定するのでしょうか？

小川「F-15に搭載可能な空対空兵器はすべて活用します。中距離用のレーダーミサイル、短距離用のヒートミサイル、それと20ミリ機関砲です。訓練の課目や目的によって異なりますが、レーダーミサイルは米空軍のAIM-120『アムラーム』と同じ、アクティブレーダーホーミングの空対空ミサイルで、国産の99式空対空誘導弾（AAM-4）です。AAM-4は、ある程度飛ぶと、ミサイルが目標を見つけるので自動追尾が始まれば、F-15は離脱できます。ヒートミサイルは国産の04式空対空誘導弾（AAM-5）です」

――真横の目標に向けて撃てる、後ろに向かって飛んでいく、最新鋭の空対空ミサイルですね。

小川「理論上、それも可能ということです」

ウェポンスクールの中身は、高度な秘密に包まれている。すべての手の内は明かせない。

――F‐15MJは近代化改修によって、操作や取り扱いはさらに複雑になったのでしょうか？

小川「なっていますね。スイッチ、画面、モード、それらすべてが増えました」

空中戦訓練の方法

空中戦の訓練はどのように行なうのだろうか？　ここからは戦闘機どうしの戦いの様相の一端を明らかにしていきたい。

――訓練は実弾を撃ち合うわけではないですから、撃墜、あるいは被撃墜など結果の判定はどのようにするのですか？

小川「まず、攻撃したあとの機動です。ミサイルを撃ち合ったあと、そのまま進んでいくと、ミサイルと敵機に近づくことになります。だから、攻撃後は敵機と敵の放ったミサイルに近づかないように機動します。すると、その機動をレーダーで監視したり、お互い、レーダーでロックオンされるのがわかります。それを要撃管制官と交信しながら判定します。自身が撃ったミサイルが当たった、外れたというのは、自機に搭載されたシミュレーション装置で判定することもできます。自身の撃ったミサイルに敵機がもし直進してきたら命中すると知らせる仕組みになっていて、敵機との距離や発射し

全国の部隊からF-15とF-2が集まった小松基地のエプロン。標的を付けたF-15に続いて各機が離陸していった。

たミサイルの速度などから、撃ったミサイルは何秒後に当たるという計算をしてくれる。その時間が経過し、敵機が真っ直ぐに飛んできたら、それは撃墜となります」

――訓練で撃墜された学生はどうするのですか？

小川「撃墜された学生は、戦域に残っていてもしかたないので、訓練エリア外に出て待ちます。訓練後は基本的に皆でまとまって、基地に帰りますから」

――撃墜されて、訓練が終わるのを待っているのは寂しそうですね。

小川「それはしょうがないです」

――自分はやられず、敵機だけを落とす訓練を繰り返すことで腕を上げるわけですか？

小川「はい。こちらが持っているウェポンをより効果的に、より上手に使うための訓練をします。われわれが現有する装備品の性能を最大限に発揮させる戦い方です。敵のウェポンのほうが高性能だと判断される場合は、状況により撤退します。学生には、そういう判断をすることも学ばせます」

――退《しりぞ》く時は退く、その退き際《ひ》を学ぶのは、戦いの重要なテクニックです。

小川「そうです。ウェポンスクールのＩＰ（教官パイロット）は、この課程を修了した者ばかりなので、そういう仮設敵を確実に模擬できます」

――ウェポンスクールのＩＰになるには、資格などがあるのでしょうか？

小川「この課程を修了後、一度、所属部隊に戻り、今度はウェポンスクールでＩＰを務めたいというのであれば転属してもらいます。それでＩＰとしての適性を審査したり、いろいろな訓練をとおした試験に合格すれば、ＩＰとして活躍できるようになります」

空中戦の極意

――Ｆ‐15ＭＪの大きな特色は、ＨＭＤ（ヘルメット・マウント・ディスプレイ）と、04式空対空誘導弾（ＡＡＭ‐５）の搭載ですが、これはどのように評価していますか？

小川「米空軍の新世代の空対空ミサイル、ＡＩＭ‐９Ｘと同世代といえます。パイロットが装着している、ＨＭＤを通して見ている視線とミサイルの目であるシーカーが捉えた目標を合わせることができます。つまり、パイロットがＨＭＤで敵機を捉えれば、ミサイルを撃つことができます。ＡＡＭ‐

5はシーカーの性能が向上しているので、自機の横を通り過ぎる敵機も攻撃できます。HMDとAAM‐5の実用化で、今までとは、まったく変わりましたよ」

1980年代初め、T‐2を使用していた飛行教導隊は、F‐15との対戦でヒートミサイルを真正面から撃たれ、撃墜判定され続けたため、訓練指導ができなくなってしまった。今、それと同じように彼我がすれ違いざまの空中戦訓練をやれば、一方がF‐15MJの場合、これと対戦する側は、たちどころにAAM‐5に撃墜されてしまうだろう。

——新しい装備品が入ると、戦い方も変わるわけですね。

小川「はい。AAM‐5はミサイルの目がよくなり、機動性も格段に上がりました」

——新しいヒートミサイルを使用しての戦いは、すべて新しい思考とテクニックが求められることになったわけですね。

小川「そうですね」

石津谷「ウェポンの攻撃できる範囲だったり、能力は上がっていますが、空中戦の原理原則は変わらない。敵に対して自機が優位な位置に占位する定石は変わりません。つまり、敵機の背後につかなければならない」

——空中戦のゴールデンルールの一つですね。

石津谷「それは変わらないと思います。それから敵を先に見つけることも、とても重要です」

――未来の戦いは、長距離ミサイルの撃ち合いになるのでしょうか？　ヒートミサイルやガン（機関砲）を用いる格闘戦の機会はだんだんなくなるのでしょうか？
石津谷「格闘戦になる可能性はゼロじゃないでしょう」
――最終的には、かつてＦ‐86でやっていたような、目視で相手と背後を取り合い、ガンで勝負をつけることになりますか？
小川「そうなると思います。それはなくならないでしょう」
石津谷「その基本的なところは変わらないと思います」
第4章のインタビューで森垣氏ら、かつての名人たちが語っていたことと同じだ。空中戦の極意は不変なのだ。

最新装備がもたらすもの

――ＨＭＤは画期的な装備品ですが、これが空中戦の様相にどんな変化をもたらすのでしょうか？
小川「ＨＭＤを用いても、敵機を肉眼で見つけてそちらを向かないといけない。ＨＭＤが勝手に探してくれるわけじゃないんです。自分の向いたほうにレーダーやミサイルの目が向くだけなんです」
――真下は見えますか？
小川「下は見えませんが、ミサイルの目を向けることはできます」

――新たにＨＭＤとＡＡＭ‐５を使うようになっても、遠くから「先に敵機を目視で見つけた方が勝ち」は不変ですね。

小川「そのとおりです」

――敵のミサイルを避けるには、どうすればよいのでしょうか？

小川「避けるという意味ならば、訓練では敵のミサイルの無効化を図る動きや手段の演練もやっています。レーダーミサイルには、レーダーを欺瞞する『チャフ』と呼ばれる金属片をばら撒き、ヒートミサイルには、自機と異なる目標熱源になるフレアを発射します。実際に撃たれて、逃げ切れるかどうかはわかりませんが、それらが役に立つことを願っています。しかし、訓練ではフレアを発射すれば、ミサイルが当たらないという判断をしています」

――20ミリ機関砲による攻撃についてはどうでしょうか？

小川「もちろん、機関砲の射撃を避ける訓練もあります」

――映画『トップガン』では、敵機の機関砲射撃に対して、主人公たちのＦ‐14は機体を横に回転させながら、見事に回避していました。これは映画の演出の一つでしょうが、実際にやったら被弾するでしょうね？

小川「被弾すると思います。われわれがやるか？と言われたら、やらないです。機関砲弾は非誘導なので、飛んでいくところは決まっているので、そこにいなければいいんですよ」

物の道理である。お互いにミサイル、機関砲弾を放ち、また、それから必死に逃れる。言ってしまえば、それだけのことなのだが、その単純なことに失敗は許されない。だからこそ過酷ともいえる訓練に明け暮れ、生き残る術《すべ》を追究するのだ。空中戦の世界は奥が深い。

ウェポンスクールvs飛行教導群

──ウェポンスクールは空自の組織の中で、どんな位置づけになるのですか？

小川「第306飛行隊の中に設けられた教育機関として考えて下さい。実動部隊が学生教育にあたることで、高い教育・訓練効果が期待できる。教育専任の部隊・機関とは異なる、より実践的に任務達成を追求するところにファイターウェポンの存在意義があるのです」

──教官の皆さんはアラートなどの実任務には就かないのですか？

小川「就きます。日本海正面の国籍不明機や対領空侵犯措置は、私たちがやります」

──ウェポンスクールの課程は以前、飛行教導隊が担任していました。2005年から第306飛行隊に移されました。飛行教導隊（現・飛行教導群）とウェポンスクールの目的のちがいは何でしょうか？

小川「飛行教導群は、基本的には『他国空軍の戦法・戦技はこうだ』と示してくれます。つまり、ジャスト仮設敵役を演じてくれます」

――すると、ファイターウェポンは空自のF‐15を使った戦法・戦技はこうだと教えるのが任務ですか？

石津谷「そのとおりです」

――第306飛行隊の隣に飛行教導群がいますが、飛行教導群との対戦などはないのでしょうか？

小川「過去にやったことがありますが、ウチが勝ちました」

――飛行教導群より強い！

小川「いや、この場合、ファイターウェポンは飛行教導群に絶対に負けられないんですよ。なぜなら、われわれが負けるということは、つまり空自戦闘機部隊が外国空軍との戦いに敗れたことになる。だから、何度やっても、われわれが勝ちます。飛行教導群はあくまでも敵機役なんです。飛行教導群が他国の戦法・戦技を提示してくれて、われわれがそれを解いていく」

――飛行教導群が示した難問の方程式を解いて、空中戦必勝の答えを出す！

小川「そうです」

　この言葉で筆者はすべてを理解した。ファイターウェポンに求められるのは、ただ一つ、百戦百勝なのだ。一敗でもすれば、空自は防空任務に失敗、国が滅びるからだ。

――ファイターウェポンが常勝でなければならない！　万が一負ければ……。

小川「恥ずかしいですよね。だから、ぎりぎりの限界に近づき相手を圧倒するために努力しています」

本来の訓練目的

――飛行教導群との訓練は頻繁に実施されるのですか？
小川「いや、じつはやりたくないんです。結構キツイので」
最高レベルの空中戦訓練が、ここで行なわれているのだ。
小川「飛行教導群には彼らの思うところがあり、われわれにはわれわれの矜持があります」
――お隣どうしは、ちょっとやりにくいんですね。
小川「まー、そういうところもありますね」
――でも、仕事を離れればパイロットどうし、酒を飲みに行くこともあるのでは？
小川「たまには飲むことはありますけど……」
そんな時は、お互いの考えやテクニックを披露し合うのですか？
小川「いえ、何も言いません。向こうも言わないし」
――最高度のレベルを有する飛行隊どうしだけど、仲が悪いお隣どうしですね。
石津谷「いえいえ、そんなことはありません」
小川「飛行教導群に空自の戦法・戦技をやれと言ったらできるかどうか。興味深いところです」

——それは飛行教導群の弱点かも知れませんね！

小川「われわれが、本当に勝たなければならないのは飛行教導隊ではありません。どんな敵が来ようと、どんな戦いを挑まれようと、われわれの現有装備で蹴散らせるぞ！という気概と負けない技を持ったパイロットを育てるのが本来の目的です」

ファイターウェポンと飛行教導群にはそれぞれの役割がある。それがうまく機能することで、初めてパイロットたちの実力が向上し、空自戦闘機部隊の戦力発揮が実現できるのである。

第306飛行隊長室

再び、吉満隊長に話を聞いた。

小川、石津谷教官から、飛行教導群との対戦で勝ったという話を聞いたのを伝えた。

「隣に飛行教導群がいることで、相手がどういう動きをするのか、それに対してどう戦えばいいのか、つねに質の高い訓練ができます」

空自F-15飛行隊の強さの源泉は、ウェポンスクールと教導隊なのだ。

「そう言っていただけるとありがたいです。私もそう思います」

さて、筆者には聞きたいことがあった。それは、F-15を駆使して最新の戦技開発をしている当事者から見て、将来の航空作戦、そこでF-15に課される役割は何なのか？ということである。

「今の科学技術の動向からしても、ネットワークを中心とした戦いになっていくのは間違いないでしょう。また、これまでの動向から見ても、ミサイルが長射程化して、長距離の戦いになるのは間違いありません。その一方で、レーダーでの探知が困難なステルス機が戦闘機の主流になっていくでしょう。恒常的に行なわれているのが、相手のレーダーやセンサーを無力化する電子戦です。すると、空中戦が遠距離からの攻防だけで、すべて終わるというのは、おそらくないだろうと思っています」

遠距離とは、どのぐらいを指すのだろうか。

「40から100キロメートルぐらいというところですね」

かなり幅があるが、その正確な数字は防衛秘密だ。かつて、F-4が主力だった頃は、40キロメートルが中距離戦、それ以上が遠距離戦といわれた。

「ほんとうは、遠くからの戦いですべてが終わってしまえば、それがいちばんいいんです。より遠くから敵機を撃墜できれば、それに越したことはありません」

確かに、できるだけ遠くで敵を撃破するのは、防空作戦の理想である。

「もちろん、遠距離撃破を追求するんですけど、実際にはそれを実現するのは難しいだろうと思います」

戦闘機とその搭載武器で手の届かない範囲では、彼我ともにさまざまな攻防の手段を繰り出し、われに有利な状況を作り出そうとする。

部内ではF-15MJと呼ばれるF-15の近代改修型。外観の差異はほとんどない。

「ネットワークは相手から妨害を受けます。すると、遠くから長距離ミサイルを誘導できなくなったりすることが考えられます。近くまでいかないと攻撃できません。敵機がステルス機だったら、長距離ではレーダーで探知できず、近距離で不意に遭遇することも考えられます。ほんとうは遠くから攻撃して撃墜したいところです。しかし、ステルス機はレーダー探知が難しい。または電子戦環境下で妨害により、長距離ミサイルが誘導不能となる。このような事態が空中戦で必ず起こるでしょう。そうなると、遠距離ではなく近距離での戦いになる可能性はあると思います」

では、そんな戦いにおいて、もはや一世代前の戦闘機になりつつあるF-15の役割は低下してしまうのだろうか。

「F‐15は格闘戦に強い戦闘機とされています。近距離の戦いでは、F‐15がその特性、性能を発揮して活躍するフェーズがあると思います。もともとF‐15には遠距離用のミサイルも搭載可能で、遠くから近くまで全フェーズで戦える戦闘機です。なので、F‐15の活躍の場はなくならないと思います」

ここで活躍が期待できるのは、近代化改修されたF‐15MJである。F‐4EJがレーダーや電子機器を一新、近代化改修されたF‐4EJ改になったのと同じだ。この「F‐15J改」とも呼べるF‐15MJが最初に配備された飛行隊の一つで、その運用実績を積み重ねているのが第306飛行隊である。

「F‐15MJ運用の主体はHMDと、04式空対空誘導弾（AAM‐5）の組み合わせです。F‐15の運用に新しいフェーズを開く装備品です」

これらを搭載したF‐15MJがいちばん活躍するのは、どんな場面なのだろうか。

「AAM‐5は相手機のエンジンから発生する熱源を捉えて追尾する赤外線ミサイルです。ステルス機はレーダー反射がありません。しかし、ステルス機にもエンジンはあり、熱源を捉えられます。だから、赤外線ミサイルはステルス機に対して効力が期待できるのです」

すると、吉満隊長が述べた「レーダーで探知できなかった敵機と不意に遭遇する」事態にも対応できるということなのか。

F‐15MJでは、HMDで敵機を見ながらロックオン、すれ違いざまにAAM‐5を発射。小川、石津谷教官が言っていたように、AAM‐5は真横に飛翔を変更して、敵機のエンジン排気を捉えて追尾していく。こんな従来では考えられなかった戦法が可能になったのだろうか。

「そうですね。敵機が近くに来た時に、目視の範囲で確実に攻撃できるミサイルがどうしても必要です。HMDとAAM‐5の組み合わせは、戦い方の幅を広げるものです。米空軍では同様の装備品が、もっと早くから研究・実用化されていますが、実際にわれわれも、これらを装備するようになって、より確実に敵機を撃墜できる手段が整ってきたといえるでしょう」

航空優勢

戦闘機の任務は制空権、自衛隊では「航空優勢」という用語を使っているが、すなわち、わが航空戦力が空において敵の航空戦力よりも優勢であり、敵から大きな妨害を受けることなく諸作戦を実施できる状態を確保することである。

「海に囲まれた日本に侵攻しようとすれば、海か空を経なければなりません。上陸を阻止するため、艦艇が自由に行動するには海の上空に絶対的な航空優勢が必要です。だから、陸海空すべての作戦は航空優勢がなければ成り立ちません」

わが方の航空優勢獲得の中心的役割を担うのが航空防衛力で、その主役が戦闘機なのだ。

「F‐35が今後、数的に増強されて主力の座につくまで、F‐15の時代はまだまだ続くでしょう」

しかし、現在の中期防衛力整備計画（31中期防）では、戦闘機の保有数は約260機、うちF‐15MJは約100機となる見込みだが、この体制で防空機能を維持していかなければならない。

「100機という数字は、やっぱり心許ないです。現状でもF‐35以外の勢力で領空警備自体はできますから、今は問題ないでしょうけど……」

仮に二、三〇年後、空自が運用する戦闘機がF‐2とF‐35だけとなれば、数は足りなくなりそうだ。

「それでは、間違いなく足りないと思いますね」

機数のほかにも問題がある。航空機、とくに作戦機はある特定の機種に問題が発生すると、その機種は全機飛行停止になる。空自でも事故発生などによって、その原因究明と安全対策が図られるまで、飛行停止措置がとられたケースは少なからずある。そんな時、この穴埋めは他機種が代替えする。だから、作戦機は複数の機種を同時に運用する必要があるのだ。

もしも、F‐35とF‐2の2機種だけになってしまったら、空自の戦闘機部隊の勢力維持、防空作戦の実施が困難になってしまうのではないか。

「一般論としては、特定の機種にトラブルが起これば一時的にせよ、それは使えなくなります。機種が少ないと、当然、活動できる機数も限られ、作戦や運用に大きな影響をおよぼします」

つまり、F-2、F-35に続く、第3の戦闘機をどうするかという問題が出てくる。

「F-15はもっぱら空対空戦闘が任務です。F-2は対艦対地攻撃が主任務です。勢力の維持を考える場合、F-35が対艦攻撃を兼務できるのかなど、課題はいろいろあります。勢力を維持していくために、求める要素はそこになるんだろうと思います」

将来、100から200機の制空戦闘機が足りなくなる。日本の空を守り抜くには、わが国での運用に適合した、次のFXが絶対に必要だ。

「そうですね。まあ、それは中央の政策的な判断によると思いますけどね」

第3の戦闘機、それが国産の主力制空戦闘機「F-3」となって実現することが、吉満隊長はじめ、現場のパイロットたちの秘めたる願いであろう。それは筆者も同じだ。

筆者は、いよいよ本書の取材で最後に訪れようと決めていた最強の飛行隊に向かった。

第7章　アグレッサー飛行隊——航空戦術教導団（小松基地）

飛行教導群

8月の真夏の空に青地の旗がひるがえり、そこには赤い舌を出した毒蛇コブラが日本海から吹きつける海風で踊っている。大空でこのコブラの毒牙にかかり、打ちのめされた戦闘機パイロットは数知れない。だが、それこそが空自戦闘機部隊の強さを形成してきたのである。

筆者が最後に訪ねたのは、この〝最強で最恐〟のアグレッサー（仮設敵）部隊、飛行教導群。第3・4章で紹介した森垣氏、西垣氏、井上氏らもここでパイロットを務めた。そして「エース10」こと、金丸氏は同隊10代目の隊長だった。ここには、いつも凄腕のイーグルドライバーたちが集ってきた。それは今も変わらないはずだ。空中戦の将来を探るには飛行教導群の取材から有力な示唆

80年代の飛行教導隊の様子。パソコンや灰皿など時代の流れを感じる。（金丸直史氏提供）

が得られるにちがいない。

アグレッサー部隊は１９８１年、航空総隊直轄の飛行教導隊として築城基地で新編された。当初はＴ-２超音速高等練習機を装備したため、同系のＦ-１支援戦闘機が配備されていた築城が運用上、好都合だったが、訓練空域などの事情から１９８３年に新田原基地に移動した。戦闘機部隊の主力がＦ-15になるのに合せて、１９９０年に装備機種をＦ-15ＤＪに変更した。

そして、２０１４年には新編された航空戦術教導団（司令部：横田基地）の隷下部隊となり、それにともない飛行教導群に名称を改めた。さらに２０１６年６月には小松基地に移動、これも同じＦ-15装備の第３０３、第３０６飛行隊が所在する小松が運用上、好都合だったことなどによる。

現在の飛行教導群の組織は群本部以下、教導隊、整備隊からなる。このうち教導隊は総括班、二十数人のパイロットがいる飛行班に加え、要撃管制班が設けられており、専属の兵器管制官は、中部航空方面隊の防空指令所がある入間基地（埼玉県）に常駐している。そして、年間約百日は全国の戦闘飛行隊に、いわば〝出稽古〟して訓練指導（非公式には「巡回教導」ともいう）にあたっている。

アグレッサー部隊の構想は米空軍によって具体化された。ベトナム戦争初期、米空軍戦闘機と北ベトナムのミグ戦闘機の対戦成績は3対1、つまり米軍機の撃墜スコアが3に対して、北ベトナム軍機が1だった（朝鮮戦争では12対1）。ところが2年後には成績が0・85対1に急落してしまう。経験の浅いパイロットが初出撃から数回のうちに撃墜されてしまうからだった。

そこで米空軍が採り入れたのが、アグレッサー部隊による訓練だった。ミグ戦闘機と同じ戦法で襲いかかってくる仮設敵機を返り討ちにする訓練である。その結果、被撃墜率は低下、対戦成績はたちまち回復した。アグレッサー部隊の誕生には、このような戦訓が背景にあり、空自がこの訓練方式を実践するため、生まれたのが飛行教導隊なのである。

赤い星

飛行教導群の取材を案内してくれるのは同群の広報班長、石田真也《しんや》1等空尉。石田1尉のタックネームは「白虎《びゃっこ》」だ。早速、いかつい名前との出会いである。おそらく、ここにいるのは怖いタックネームそのままの怖いメンバーばかりにちがいない。

同隊の第10代隊長だった金丸氏によると、1990年代からはその指導方法は「紳士的になった」

隊舎に入ると薄暗い廊下の奥に黄色で縁取られた赤い星の扉があった。

と言っていた。しかし、その当時、飛行教導隊の指導を受けたイーグルドライバーたちは、それを全面的に否定した。それを確かめることが、筆者にとって取材の目的の一つでもあった。

石田1尉とともに飛行教導群の隊舎に入ると、廊下の奥に赤い星がどーんと大きく描かれたドアが見えた。旧ソ連・ロシア空軍機のマークだ。その下には「AGGRESSORS」と表記がある。

その廊下の奥からパイロットスーツ姿のパイロットが歩いてくる。

「おはようございます」

筆者は恐る恐る笑みを浮かべながら会釈した。

「どうも、おはようございます」

そのパイロットは爽やかな笑顔で挨拶を返してきた。（えっ！）筆者は彼の胸のパッチを確かめた。額に赤い星がある髑髏《どくろ》のマーク。袖の上腕部にはコブラのマーク。間違いない、飛行教導群のパイロットだ。すれちがうほかのパイロットも挨拶とともに軽く会釈していく。その立ち振る舞いは空の紳士、イーグルドライバーである。筆者はちょっと拍子抜けしてきた。

廊下の奥の右側に教導隊長室がある。ドアには『ACE』と表示があり、歴代隊長の名前が記されている。それには第10代、金丸氏の名前も確かにあった。正面のドアには最強の敵のシンボルを描き、横の隊長室には撃墜王の称号「エース」を掲げる。さすが、最強のアグレッサー飛行隊である。

筆者は、飛行教導群准曹士先任室で待つように指示された。准曹士先任とは、空曹士の規律や風紀の維持、服務指導体制の強化、組織の活性化を目的に設けられている制度で、それぞれの部隊の現場に精通した准空尉が任命される。

旧陸海軍の先任下士官は、いわば軍隊の表も裏も知り尽くしたベテランの中から選ばれ、部下の兵たちにとっては最も恐ろしい存在であり、上級の士官たちからは一目置かれる存在として、部隊の統率に大きな役割を担った。

きっと、ここの先任も恐ろしい存在なのだろうと思っていたのだが、通された准曹士先任室では、柔和で快活な印象の大山悦弘准空尉（46歳）が執務机に向かっていた。

「お邪魔します」

「どうぞ、どうぞ、自由に使って下さい」

爽やかな笑顔で筆者を迎え入れてくれた。恐る恐る訪ねた飛行教導群だったが、予想していた雰囲気とはまるでちがっていた。案内の石田1尉も、つねに明るい表情で居合わせたパイロットたちと言葉を交わし、筆者にはていねいに取材の段取りや部隊の概要などを説明してくれる。

ファントムライダー出身

飛行教導群、強さの秘密を探るためインタビューの応じてくれた一人目は、教導隊在籍2年目のパイロット、小高大助1等空尉（34歳）である。

准曹士先任室に入ってきた小高1尉の第一印象は、筆者がイメージしている洗練されたイーグルドライバーとはやや異なる野趣《やしゅ》が感じられた。

「第302飛行隊でF‐4に乗っていました。2017年、第302の飛行隊長から教導隊への異動の話を受け、2018年の5月頃にF‐15へ機種転換したばかりです」

やはり、栄光のファントムライダーだ。

そして、2018年6月に飛行教導群に移った。複座のF‐4で育った者にとって、単座のF‐15はどんな印象だったのだろう。

「戦闘機の戦い方の本質としては、複座も単座も変わりませんが、当然、F‐4では二人でやっていたことをF‐15では一人でやらないといけない。そこが私には初めてのことも多く、とても難しく感じました」

F‐15への機種転換に加え、飛行教導群への異動というのは、経験、腕前ともなかなかの持ち主に違いない。

「F‐15への転換と異動、新たな任務に相応の努力が必要だろうと覚悟して、ここに来たつもりです。その一方で、第302飛行隊当時を振り返ると、やっぱり自分はまだまだ実力が足りないことを痛感しました」

率直な感想を語ってくれた小高1尉は埼玉県出身、2005年、航空学生（61期）として入隊。じつは、高校卒業を前に航空学生の採用試験を受けるも、面接や筆記による適正検査などの二次試験で不合格になった。ふつうならここで当初の決意は揺らぐところだが、翌年、再度、受験して三次の試験を突破、念願を果たした。そして現在の飛行時間は1900時間、戦闘機パイロットの道を歩

飛行教導群小高大助1尉。元ファントムライダー。F-15のスタートは飛行教導群から。不屈の魂がプライドに代わる瞬間を迎えている。

み続けている。

配属2年目の現在は小高にとって、まだまだ新人として学びながら、先輩たちからは鍛えられる日々であろう。

「厳しくつらいこともありますが、楽しいですよ」

笑顔を浮かべて答えた表情には、武骨ながらも明るい人柄が垣間見えた。F‐4気質な男なのである。

教導資格

飛行教導群のパイロットは、どのように選ばれるのだろうか？　かつてここに在籍した森垣氏は、訓練に行った先で、腕利きの者をスカウトしていたと聞いた。石田1尉に聞くと、それは現在もあり、ほかにも飛行隊長の推薦を受けて異動してくるケースもあるとのこと。また、配属されるのは、すべてベテランというわけではなく、若手もおり、ここで教導資格を取得するため訓練を重ねる者もいるという。このような若手は一定期間、飛行教導群で勤務後、各部隊に戻り、指導者として部隊の実力を底上げしていく役割を担うことになる。

飛行教導隊に配属されると、すぐに訓練指導に参加できるのであろうか。小高1尉が答えた。

「まずは練成訓練からです。まず、F‐15DJの前席で対抗する仮設敵側ではなく、『青（ブル

砂漠に溶け込む迷彩色を施した教導隊のF-15DJが飛行訓練の指導に向かう。垂直尾翼の舌を出したコブラが恐ろしい。

ー)』、つまり自分が訓練指導されるファイターとして訓練します。仮設敵側は『赤(レッド)』です」

ブルー対レッド。巡回訓練指導ではブルーが各地の戦闘機部隊で、教導隊がレッド(アグレッサー)を務める。教導隊に配属されたパイロットはまず、改めて、空自戦闘機操縦者として戦技を学ぶのだ。DJの後席には竹刀を手にしたような怖い先輩が乗って、ビシビシしごかれるのだろうか。

「そんな雰囲気ではありません。飛行後のデブリーフィングで、きっちりと理論立てて指導されます。アグレッサーの教え方は合理的、実践的。とても上手に指導してくれます」

金丸氏が言っていたとおりである。小高1尉が続ける。

「私はちょうど、ブルーとしての訓練が終わって、今度はレッドのウイングマンとして飛べる資格をとるための訓練に移ったところです」

するとその訓練を修了すれば、教導隊飛行班の一員として晴れて訓練指導にあたることになるのだろうか。

「いいえ、私はまだ初級資格取得中なので今後、いくつも上の資格取得を目指さなければなりません」

同席している石田1尉が、もう少し詳しく補足してくれた。

「教導隊の中で定める資格には初級、中級、上級があります。級が上にいくにつれ、少しずつアグレッサーとしてできることが増えていきます。たとえば、初級は指示に従って仮設敵を演じられるレベル。その次は、自身で指導計画を立てる、指導する飛行隊側にブリーフィングする資格、訓練する機数などの内容が変わっていきます。上級は制限なしです」

飛行教導群にいる限り全員、上級資格の取得を目指すということなのか？

「私はいま2年目で中級です。その人の能力と、訓練する内容や人数によっても変わってきます。また、人事異動などで上級まで取得せずに、ここを出る者もいます」（石田1尉）

空自最高レベルの飛行隊には、さらにその中でもレベルが問われる。戦闘機パイロットの技量の練磨は終わりがない厳しい世界なのだ。

F-15を活かすには？

第302飛行隊でF-4を飛ばせていた当時、小高1尉も飛行教導群の訓練指導を受けたはずだ。この時のアグレッサーの印象を聞いてみた。

「訓練効果が高いことは理解していましたが、正直なところ、嫌でした」

ところが、人の定めはわからないもので、いまはその嫌な側になっている。訓練指導に出向いた先で、稽古をつけた相手に「こいつ、できるな」などと、思うこともあるのだろうか。

「空中で機動中、『おっ』と思うこともありますが、それよりも訓練後のデブリーフィングで自分が行なったことに対して、それをしっかり理論立てて説明できる、考え方がしっかりしている者が、ほんとうの意味で『できるな』と思います」

空中戦での強さとは何なのだろうか？　小高1尉は次のように話した。

「1対1が、いちばん勝敗がはっきりする。やはり、うまい人とやると、同条件でやっても、勝負がはっきりと分かれるものです」

1対1でお互いに相手を視認しながらの近距離の格闘戦で、勝つのに必要なテクニックはあるのだろうか。

「相手の機動を評価できること。つまり、相手はどう動いているか、それに対して自機をどこに動かせばいいのか、それを正しく瞬時で判断できることだと思います。自身はこう動きたいけど、相手

ファントムライダーたちは新鋭機といかにして戦うかを研究していた。そして今度はイーグルドライバーがその課題に挑む。

はこう動いている。では、どこに自機の行き先を向けるか、そこだと思います」

これまで話を聞いてきたパイロットは異口同音、このことを指摘している。ここに空中戦の変わらぬ奥義《おうぎ》が隠れている。ならば、今後の空中戦の様相に対応していくため必要なことを聞いてみた。

「基本的にミサイルの性能と信頼性は、大きく向上してきていると思います。それを考えると、以前に比べて格闘戦にもつれ込む可能性は低くなっていると思いますが、一概にはそれがなくなるとは言えない。当然、今後の武器の性能を考えると、より遠くで撃墜したほうがいいと思いますが、それがかなわない状況も考えられます」

F‐15は第4世代機だ。F‐15MJは、いわば第4・5世代機である。そこに今後、F‐22やスホーイ57のような以前では考えられない機動をする相手を前に、F‐15が活躍する余地は残されているのだろうか？

「やはり、格闘戦をしないのがいちばん。しかし、今後もF‐15を当面は使い続けるでしょう。当然、改修しながらだと思いますが、スクランブル任務ではF‐15MJじゃなくても、F‐4EJ改でもできるし、要は使い方次第だと思います。F‐15を活かす戦法、戦技の開発がカギだと思います」

F‐4は約半世紀にわたり日本防空の第一線で活躍した。そのF‐4飛行隊を最後まで運用した第7航空団司令・柏瀬靜雄空将補（当時）はF‐4について、筆者のインタビューに「……対抗機は性能が上がっているけど、こっちの性能はそのまま。そこで勝つためには戦技を向上させないとならない。（中略）パイロットを含めて新しい戦法を考えて、どうやって勝てるかを考えさせて実践する」と語っていた。

F‐15もF‐4がそうであったように、その能力をできる限り長く、そして最後まで使い切ってほしい。筆者は強くそう思う。

父子二代の「アグレッサー」

次に准曹士先任室に現れたのは、好青年という表現がぴったりな爽やかな第一印象のパイロットだった。野中宏樹3等空佐（38歳）。聞けば飛行教導群在籍は6年目と、約20人いる飛行班パイロット中、二番目の古株で、飛行時間は3000時間。戦闘機パイロットとしてはベテランの域である。このキャリアと階級からすれば好青年と言ってはいささか失礼かもしれない。

野中3佐は茨城県出身。2000年、航空学生（56期）として入隊。生粋のイーグルドライバーだ。さらに聞いて驚いたのは、父親はF-15のパイロットで〝最強で最恐〟時代の飛行教導隊で第9代隊長を務めた野中成龍元1等空佐だったのだ。

父子二代の空自パイロットは決して珍しいわけではないが、「アグレッサー二代」というのは〝ライト・スタッフ（選ばれし資質）〟の血統といっていいだろう。

しかし、飛行教導群は希望したからといって、簡単に行けるところではない。

「最初の配置は、ここ小松の第303飛行隊です。その次が那覇の第204飛行隊でした」

野中は、この二つの飛行隊で約10年間〝修行〟しながら、経験と実力を積み重ねた。ある程度、腕と自信がつけば、さらに自分を試す場を求めるのは、戦闘機パイロットならば当然であろう。

「アグレッサーへの憧れはありましたが、『自分に務まるようなところではない』と思っていました。第204飛行隊で勤務していた時、飛行教導隊での勤務経験もある飛行班長の吉賀3佐（当時）から『教導隊から人選の話がきていて、行きたいのならば俺が推す』と打診がありました。『行けるのならば、ぜひお願いします』と、これを受けました。父だけでなく、二つの飛行隊で尊敬し、目標にしたいと思った上司や先輩の多くは、教導隊経験者か、のちに教導隊に来る方々だったんです」

野中の前にアグレッサーの赤い星が描かれた扉は開かれた。

「教導隊には私より先に同期が二人、すでに在籍していました。まず、この二人を追い抜きたいという気持ちがありましたが、いざ行くとなると不安のほうが大きかったのが正直な気持ちでした。教導隊に着任すると、二つの飛行隊でお世話になった先輩ばかりで、とても温かく迎え入れてくれました。でも、訓練になれば、こんなに優しくないんだろうなと思っていましたが、実際、そのとおりでした」

飛行教導群野中宏樹３佐。父もまたF-15アグレッサーだった。しかし、父には頼らない。答えは自分で見つける。

教導隊で新入りパイロットの自慢の鼻っ柱は、ことごとくへし折られるのだ。

「私は10年間、途中、教官などに転出せずに、ずっと実動部隊で勤務しました。それもあって、相応の自信を持っていました。父からも厳しさは聞いていたんですが、教導隊に来て、自分はこれまで何をしていたんだろう？ と思いましたね」

その相応の自信とは、どんなことだったのだろうか？

「第303飛行隊で勤務していた時、ちょうど近代化改修されたF-15MJが配備されました。当時の私たちがMJを最初に運用したわけです。その後、那覇の第204飛行隊にもMJが配備されることになって、その知識がある者が必要となったことから、私が第204飛行隊に異動になりました。戦闘機部隊でHMDを使い、AAM-5を初めて実射したのは私なんです。AAM-4についても一応、知識があり、戦技も相応の自信があったんですけど……。考えが浅かったですね。教導隊に来てみると、技量は未熟だし、考え方、ものの見方も狭く、とくにメンタル面で徹底的に叩きのめされました。教導隊は着任するやいなや、天狗の鼻は軽くへし折られるという話はよく聞いていましたが、私の低い鼻もたちまちへし折られました」

大先輩であり、厳しくも温かく見守ってくれたにちがいない父上には、相談しなかったのだろうか。

「父には何も相談しませんでした。ただただ飛ぶしかないんです」

戦闘機パイロットは孤独だ。空中では誰も助けてくれない。ひたすら飛ぶことが、自分に足りないものを見つけ、それを克服する唯一の方法なのだ。

「2年後には、こいつをやっつけてやると思いながら、目の前のことばかりにとらわれず、先を見ることにしました。その頃、訓練後の燃料に余裕があれば、僚機の先輩に『ワン・バイ・ワン（1対1）をやって下さい』と2機だけ訓練空域に残ってやったこともありました。でも、わざと負けてくれる人もいるんですよ。だから『真剣勝負でやって下さい』と言うのですが、なかなか勝てない。やっぱり、皆うまいんで、そう簡単ではないんですよ。稽古をつけてくれる相手は空自戦闘機乗りのトップ中のトップだ。下手な相手といくら稽古しても意味はない。かかっていくたびに負かされて、次第に強くなっていくのが勝負の道だ。

「うまい人を相手に、私がもう少しでねじ伏せるところまでいった時には、率直に認めてくれます。教導隊から転出した先輩と久しぶりに会って、『1対1で対戦したあの時は怖かったよ。じつは冷や汗をかきながらやっていたんだ』と、明かしてくれたのはうれしかったですね」

本物の戦闘機乗りとしての腕と自信はこうして育つ。

教育効果の重視

第304飛行隊のかつてのエース高木博氏は、巡回教導の飛行訓練後のブリーフィングでFL(4機編隊長)が、教導隊パイロットたちの凄みに圧倒され、たじたじだったと語っていた。野中3佐はもちろん、現在の教導隊パイロットたちには、そんな威圧的な雰囲気はない。

「T-2を使用していた頃は、指導する相手の闘志を奮い立たせるために、地上でも空中でも、わざと敵役《かたきやく》に徹していたというのは、当時を知る先輩たちから聞いています」

かつては、指導されるパイロットたちを震え上がらせていた強面《こわもて》が〝丸く〟なったのはなぜか?

教え方が変わったのはどうしてだろう。

「相手をしごき上げ、怖がらせるばかりでは教育効果は上がりません。教導の目的はパイロットの戦技能力向上です。指導は小手先の技術にとどまらず、正しい状況判断や考え方に基づいて行動できる能力を高めることが重要だと思います」

では、教育効果を上げるために、どのような指導方法を行なっているのだろうか？

「指導を受ける側のレベルに応じて、演練する内容のレベルも合わせます。教導フライト前、われわれのブリーフィングでは『このパイロットのレベルはこれくらいだ』『パイロットたちのこの部分の能力を確認し、さらに向上させる』『今回の現示（戦闘の状況を再現すること）の方針はこうだ』と、編隊長を中心に1時間以上、綿密に話し合います」

そして、教導フライトが始まる。アグレッサーに大切なのは、あくまでも効果的な訓練を実現することだという。

「訓練で仮設敵を演ずる時、まずは正確に模擬すること、蓋然性（確実性）を失わないことに留意しています。そのために高い飛行技術はもちろん、提示する他国の最新の戦法、戦技を知っていることが求められるわけです」

理論的に正しい敵役に徹すること、これがアグレッサーの本質なのだ。実力の差を見せつけて、そこから何かを学ばせるのではなく、相手の能力を引き出す教え方に変わったのである。

空中戦に白旗なし

「訓練時に気をつけているのは、指導する相手がその状況下で何を考えて、どのように判断したのか、話をよく聞き理解することです。こちらから正解を押しつけるのではなく、本人に誤りや足りなかった点を気づかせて、視野を広げさせるようにしています」

すばらしい教え方だ。教えるのは、習うよりもはるかに難しい。教導隊のパイロットは優れた操縦士であるとともに、優れた教師なのだ。

「教え方の前に、教える者の性格が問われる。もう、こんな奴に習いたくない、と思われては意味がないんですよ。昔は私もそんな奴だったんですけど……。今は、この人に教わりたいと思える者じゃないと、聞いてくれません。そこは私も注意しています」

笑顔でそう語る野中3佐は、とても嫌われ者には見えない。かつての教導隊は怖い存在であることに意義があり、それが訓練効果をもたらす部分もあったのだろうが、今の時代、それだけでは通用しなくなったということだろう。

しかし、空自は創設以来ただの一度も外国機と交戦したことがない。戦闘機部隊の若いパイロットたちに本当の戦いの恐怖と緊張感を経験させ、そこから何かをつかませるのが、教導隊の第一の目的である。それと今の教え方との折り合いをどうつけていくのか、そのあたりについて聞いた。

「訓練指導に先立って、上級資格者を事前に派遣し、その飛行隊の錬度など情報収集します。たとえばパイロットの何人かをＤＪの後席に乗せて技量を見る。それで『ここのパイロットたちは、こんな奴がいて、こんなレベルだ』と報告がきます」

飛行隊の実力を測り、指導方針、内容を計画するとのことだが、時には厳しい指導が必要なこともあるのだろうか。

「若手の経験が浅い者には、レベルを確認しながら段階的に訓練していきます。また、ある程度の経験があっても、是正すべきことがあれば、提示する訓練状況をコントロールして厳しく指導することもあります。対象者のレベルに応じて変えていくのが、いちばん苦心します」

パイロットといえども、人間である。中には「こいつ、ちょっと調子にのっているな、懲《こ》らしめてやろう」と思うこともあるにちがいない。

「そんな場合はデブリーフィングで厳しく釘を刺します。本人のためにも『今まで何をやってきたのだ』とか『それでは戦闘機操縦者の資格はない』と、はっきり言います」

教え方が変わろうとも、その厳しさこそ、教導隊の本領である。

では、反対に指導者から見て、できると思うのは、どんなパイロットなのだろうか。

「こちらからの質問に対して、しっかりとした答えが返ってくるか、ですね。操縦技量も大切ですが、問題は考え方と判断力です。技術は経験を積めば伸びるので、正しい考え方ができるかどうかを私は重視します」

強いアグレッサーを維持する整備員たち。（手前から）木下昌彦士長、今村さやか３曹、澁谷貴史1尉。「特別な部隊の機体を整備することを誇りに思っています」と木下士長。

野中3佐が戦闘機乗りとして、また教導隊の指導者として、追求することを聞いてみた。

「戦いで今日と同じ状況は二度ない。その一回で戦況を正確に認識して、編隊僚機、兵器管制官と協力して、最終目的である敵機撃墜の完遂。これに尽きます。『今日は調子が悪かった』で通る世界ではありませんから。飛行教導群のメンバーは皆、胸に髑髏のパッチを付けています。これは『油断するな、負けるとこうなるぞ』という戒《いまし》めの意味が込められています」

空中戦に白旗はない。これこそ飛行教導群が戦闘機部隊で説いて回る鉄則なのだ。

未来の空戦とは？

さて、今の空自で、おそらく最強レベルの戦闘機乗りの一人で、空中戦の実相を最もよく知る野中3佐は、未来の空中戦をどう考えているのだろうか。

「空中戦の行動範囲自体が、昔よりはるかに大きくなっています。遠距離戦で決着がつくならば、皆そうしたいでしょう。しかし、それで終わらない可能性はある。ミサイルの弾数の限界もあるし、敵の第5世代のステルス機は、レーダー、センサーの探知をすり抜けて来る。すると、最終的にはパイロットの目に頼る戦いになります。遠距離戦と近距離戦のどちらかに偏るものではありません。どっちもあり得ますね。だから、格闘戦になった時の訓練は絶対、必要だと思います」

ここでも野中3佐が指摘するように、問題はロシアの最新鋭機、スホーイ57のような信じられない機動性能を持つ敵機と格闘戦になった時、F-15で対決できるのだろうか。

「あの機動自体が空中戦で万能かというと、決してそうではないんですよ。中国のJ20も確かに機動性能は高い。F-15ではあんな機動はできない。しかし、それをやっつける隙は十分にあります。敵機が凄い機動を発揮する領域に踏み込めば、こちらがやられる。だから、敵機が得意な領域に持ち込まれる前に、こちらは自機の得意な領域で決着をつけることを追求するわけです」

大きなカナード翼と排気ノズルの方向を変える効果で空中で速度を制御して機首の方向を変えるスホーイ30。

F-15は、未来の空中戦でも活躍できるポテンシャルを秘めているということだ。

「そうです。F-35が導入されても、F-15の全部が全部、負けているわけではありません。いいところは絶対にあります。F-35よりF-15が強い領域があります」

すると、F-15の強さを引き出すには、ますます操縦者の能力が大切になってくる。

「どんな戦闘機にも、機動性能に限らず弱点はあります。自機の性能を最大限に活かし、敵をこちらの得意な領域に誘い込む。逆に相手にはそうはさせないことが重要です。あとは最適な判断を下し、機動し、打撃するのは操縦者です。いくら機体の性能がよくても操縦者が間違った判断すれば意味がない。だから、相手の能力、そして強みと弱みを知るのが大切です。彼我の能力の比較ができれば、それが戦闘に活きてきますから」

「彼を知り己を知れば百戦して殆《あや》うからず」は戦いの原則、〝基本のキ〟だ。最終的な勝負の決め手はパイロットだ。「ミスをしたほうが負ける」と元第304飛行隊長の西垣氏も言っていた。そのミスを犯すのは人間であるパイロットなのだ。また、孫子の兵法は「善く戦う者は先ず勝つべからずを為して、以て敵の勝つべきを待つ」と教えている。すなわち、敵のミスを誘う、これも戦いの原則の一つである。

F-15が今後の空自戦闘機部隊で担う役割とは何なのであろうか。野中3佐は次のように説明する。

「F-15が担う役割は変わりないと思います。一方、第5世代機のF-35の導入により、作戦の幅も広がります。すると、F-15の活躍の場、戦力として投入される場面が変化していくと思います。しかし、F-15の能力が低下するわけではないので、今までどおりF-15は制空戦闘機として活躍す

キリル文字でコマンダーと書かれた表札、そして黒い扉に金色のACEの文字。そして歴代のACE番号と名前。ここは飛行教導隊隊長の部屋。

ると思いますよ」

不動の4番打者ならぬ、不動の制空戦闘機だ。

戦闘機との出会い

飛行教導群教導隊の隊長室、ACEと大きく記された扉を開く時が来た。通された隊長室は、青地にコブラが描かれた隊旗が掲げられ、その横に隊長の執務机、中央には応接用のテーブルとソファ。むだな物が一切ない簡素な部屋だ。

この部屋の主、そして飛行教導群のパイロットを率いるのが、亀井一哲《かずのり》2等空佐（43歳）である。三重県生まれ、宮城県育ち。防衛大学校（42期）を経て1998年、入隊。

小学校の時になりたかったのは旅客機パイロット。防衛大学校に入ったのは、パイロットになれて、幹部自衛官になれるからという、きわめて明

飛行教導群教導隊隊長亀井一哲2佐。己を追究することは部隊を率いる者に必要という。教導隊にとって21代目の隊長もまた己を磨く。

快な理由からだった。しかし、戦闘機乗りを志したのは防大1学年時、夏季の部隊研修で訪れた百里基地で初めて戦闘機部隊のF-15に接してからだ。

「なんだ、この飛行機は?」

戦闘機の第一印象であった。この好奇心に刺激され、防大卒業後は戦闘機を志望、飛行教育課程に進んだ。F-15の操縦課程を修了し、最初の配置は千歳の第203飛行隊だった。ここで当時の飛行隊長から「亀ちゃん、亀ちゃん」と呼ばれていたので、タックネームは「カメ」になった。

筆者のインタビューに応じる亀井2佐は、可愛らしいタックネームそのままの笑顔を絶やさないが、真顔に戻った視線には射抜くような厳しさ、鋭さがある。本当に強い男はこのような人だろう。

今は隊長を務める亀井2佐だが、飛行教導隊の存在を知ったのも、戦闘機との出会い同様、遅まきながらであった。

「教導隊の存在は、最初の飛行隊へ配属直後に知りました。そして、第203飛行隊での勤務4年目の2006年に突然、当時の飛行隊長から『来月から教導隊に異動な』と言われました」

そう伝えられたものの、亀井1尉（当時）が思ったのは、空自最強の部隊へ行くことになった意気込みよりも、戸惑いにも似た気持ちのほうが大きかったという。

「そもそも私などが務まるようなところではないと思っていました。実際に行ってみると、メンバーは見るからに強面が揃っていて、いかにも〝アグレッサー〟という印象でした。おまけに当時の隊司令のインパクトも強かった」

その隊司令とは、第12代の神内裕明1佐（防大21期）。T‐2の時代から合せて四度、飛行教導隊に在籍、教導隊長から隊司令まで務めている。その強烈な個性と統率ぶりは歴代司令の中でも格別だったと伝わっている。

「風貌は見るからに温和な紳士なんですが、飛ぶとちがいます。訓練指導に行った時は、まったく表情が変わります。『余計なことを話しかけるな』と言わんばかりの威圧感が漂っていました」

当時は相当、怖かったのであろうが、10年ほど前に退官されている。

部隊統率

その凄まじい指揮官の下、教導隊に加わった亀井は将来、自らこの部隊を率いることになるとは、予想していたのだろうか。

「当時はまず教導隊メンバーとして、早く一人前になることで精いっぱいでした。でも、戦闘機乗りであるからには、飛行隊長は憧れのポストの一つです。だから目指すところははっきりしていました」

そして、亀井は飛行教導隊で約4年勤務、第204飛行隊（那覇）、統合幕僚監部、航空総隊司令部、第6航空団司令部防衛班長などを経て、2018年、再び飛行教導群に今度は第21代教導隊長として帰ってきた。

「いよいよ大勢の部下を率いるわけですから、重責に身の引き締まる思いでした。おまけに百戦錬磨のパイロットばかりが揃っている部隊ですから……」

この猛者たちを引っ張っていくには、やはり、訓練で隊長の実力を示し、納得させることが近道なのだろうか。

「ほかの部隊ならば、それも方法の一つかもしれませんが、ここではそれは通用しません。皆、負けず嫌いですし、当然、私も負けず嫌いです。戦闘機乗りはそうでないといけないと思います。彼らは戦闘機操縦者として空自の中でトップの集団ですので、それを頭から押さえつけて『ついて来い！』というのは難しいです。だから、指揮官の役割は彼らが能力をいちばん発揮する場を提供することです」

負けず嫌いは、戦闘機乗りの必須要件だ。亀井隊長の部隊統率方針を尋ねた。

「追求。シンプルにこれだけです。あらゆる意味でわれわれの部隊に必要なことは、この一点に収斂《しゅうれん》されると思います」

最強を目指し、生き残りをかけて、あらゆる可能性、手段を追求する。

さて、亀井隊長率いる教導隊には、かつてのT‐2時代の〝最恐〟の名残りは今もあるのだろうか。

「先輩方からはいろいろと聞いていますが、今はちがいます。かつてとは戦い方が、だいぶ変わってきているのが背景にあると思いますが、追求すべきは教育効果です。アグレッサーを演じる以上、怖さは味わわせないといけない。それは確かにあるのですが、教えたいことが伝わらなければ意味がない。単なるアグレッサーならば、相手を徹底的にねじ伏せるだけでいいのです。しかし、われわれの任務は教導です。教える側が、いきなり相手を全否定したら、誰も話を聞いてくれません」

かつて、教導隊に在籍、今は新田原の第23飛行隊で教官を務めている立元3佐は、教導隊の教え方が変わってきたのは、10年くらい前からだと言っていた。亀井隊長が最初に教導隊で勤務した時期にあたる。

「メンバーが入れ替わるなかで少しずつ教え方や雰囲気が変わっていきました。教導なのか敵役なのか、どちらがわれわれの本来のあるべき姿なのか……。そして、アグレッサーの血が濃かった時代から徐々に教育効果重視にシフトしていった。その結果、理論的で指導能力の高いパイロットが求められるようになったということだと思います」

するると、飛行教導群のエンブレム、悪魔を象徴していた髑髏は、今や生き残る術を説く伝道師になったということか……。

「敵役としての怖さ、厳しさは絶対必要なところです。叱る時は叱ります。してはいけないことをした時、ゲーム感覚で訓練に臨むような者などには厳しく指導しています」

亀井隊長は指導にあたって気をつけていることもあるという。

「言いたいことを正しく伝えることは、つねに意識していますね。一つは言葉遣い。本当はこう伝えたかったのに、相手には全然ちがう意味で伝わっていた、そんなことがないように言葉遣いも選んでいます。相手に応じて、ひと言でわかる者には短く伝えればいい。きちんと説明する必要があればそうします」

では、これからの教導隊のパイロット像についてはどう考えているのか聞いた。

「スマートであってほしいです。最近の新しい戦闘機は高性能化が図られて、頭脳を使わなければならない部分が大きくなっています。だから、頭脳のスマートさは絶対に必要です。そして蓄えてきた知識をちゃんと人に教えられる能力が求められます。その能力はだんだんと継承されて、能力の高いパイロットは増えていきます」

個人の能力だけで終わらせてはならないのだ。教導隊のパイロットには高い次元での理念と意識が求められる。

「まず、熱意がないとだめです。確かに飛行教導群は希望すれば行けるという部隊ではありません。でも、ここにいるパイロットたちが天賦《てんぷ》の才能があったのかというと、必ずしもそうではない。努力の継続の結果なのです。だから、つねに高いところを目指す姿勢でいてほしいと思います」

巡回教導

筆者は以前、百里基地で取材中に巡回教導のため飛来した教導隊の8機編隊が、基地上空を一度フライバイ、翼を翻して次々と着陸する様子を見たことがある。各地の飛行隊に出向く時は、あのようにカッコよく教導隊がやって来たことをアピールするのだろうか。

「いえ、特別なことは何もしません。他基地に行く時は群司令が1番機として降り立つのが慣例になっています」

しかし、教導隊の派手な識別塗装のF‐15DJが次々と着陸すれば、その基地の雰囲気は一変する。あの時の百里基地もF‐4飛行隊の前に教導隊機が並ぶと、いきなり列線に緊張感が漂ったのを覚えている。

1980年代まで使用していたT‐2は、グレーの目立たない塗装に唯一、機首と垂直尾翼に記さ

筆者が前著『永遠の翼 F-4ファントム』で百里基地取材中に巡回教導のアグレッサーが8機のフォーメーションを組んで上空に現れた。

れている機体番号だけ赤色なのが特徴だった。ところが、今のF-15DJには全機異なる派手な塗装を施している。

「われわれは識別塗装と呼んでいます。迷彩効果を狙ったものではありません。むしろ空中での目視による識別を容易にするための塗装です。飛行中の針路や旋回方向などを把握しやすくし、安全管理上の効果もあります」

訓練では仮設敵機をどのように演じるのだろうか。

「他国が持っている機体の特性に応じて、われわれの機体で表現できるところを再現します」

他国機の特性以外にも、たとえば、よりリアルさを求めて狡猾で憎くたらしい敵機を演じるようなこともあるのか。亀井隊長には空中戦必勝の得意技はあるのだろうか。

「そこまではしません。パイロットたちにもいろいろなタイプがいるので、その個性が出る部分はあるかもしれません。そもそも戦闘機乗りは勝つためには狡猾であるのは、当然です。私には得意技というようなものはありません。すべてできないといけないからです」

仮設敵機を撃墜した場合、撃ち落としたパイロットはきっと「やったー！」とコックピットで一人、強敵を倒した喜びにひたるのだろう。

「撃ち落としたパイロットがニンマリとしている間に、そのパイロットは、たぶんやられると思います。ミサイルが命中したか、確実に敵機を仕留めたか、戦果を確認しなければなりません。そして確認したら、速やかにそこから離脱して新たな目標の攻撃に向かわなければなりません。戦闘は続いています。だから、撃墜を喜んでいる暇はないのです」

巡回教導は、年間およそ百日近くに及ぶとのことだが、それ以外の小松基地にいる時は、どんな訓練、活動をしているのか聞いた。

「基本的にはパイロットの練成訓練です。レベルに応じた教導資格をとるための勉強と訓練、また、部隊で教えるための訓練をしています。それ以外にもさまざまな課程教育、教育支援のためのフライトもあります」

また、新しい情報に基づいた戦法、戦技の評価、研究開発も飛行教導群の大きな任務である。

「つねに最新情報を入手して、それをもとに訓練指導に反映させます。詳しい内容は言えませんが……」

飛行教導群自体のスキルは絶えずアップデートされているのだ。

F-15と将来の航空戦

飛行教導群でのF-15DJの運用は、すでに30年近くになる。F-35の配備も始まった現在、このあたりの動向を亀井隊長はどう見ているのだろう。

「そこは何とも言えません。米空軍のアグレッサー部隊がすでにF-35を一部運用しています。いずれ第5世代機が主流になれば、そちらに変わるということはあるでしょう」

将来の航空戦、そこでF-15が投入される領域はあるのか、そこではどんな戦いなるのか。

「長距離ミサイルの優位性はいつまでも続くわけでありません。長距離ミサイルを撃てる条件である火器管制レーダーを妨害したり、レーダーが探知しにくいステルス機によって、近距離でないと敵機を発見できない。すると、長距離ミサイルの優位性は活かされなくなります。一概には言えませんが、やはり航空機が持っている優位性を活かした状態から戦いがスタートします。敵がこちらの攻撃にカウンターする能力を持っていたら、当然、長距離から中距離、そして近距離とだんだんと間合いが狭まっていくだろうと思います」

撃ち合いの前に電子戦でミサイルを発射不能にする。そうすると、彼我の交戦距離は接近する。す

米空軍のF-35Aと共同訓練中の第204飛行隊のF-15。将来アグレッサー部隊もＦ-35Aに交代する日が来ることだろう。

べての距離で戦える戦闘機が理想だが、これからの空自戦闘機は性能が上かもしれない敵機と戦わなければならない。

「Ｆ-15が持っている性能のよいところを引き出して戦うしかないと思います。機体性能の優位性はお互いそれぞれある。そこを活かすことを追求していかないといけない。ない物ねだりしてもしょうがないですから」

こちらの得意な領域に敵機を誘い込む、勝機はそこにある。

「そうです。そして戦いは必ず1対1というわけではありません。何機ずつで戦うのか、どこから発進して戦うのか。そうした総合的な運用、つまり1対1での戦い方だけじゃないところでの優位性をどう活かすのかということですね」

将来の航空戦でもＦ-15が活躍する領域はまだ

中国空軍はすでにステルス性能のある第５世代戦闘機のJ-20を配備している。

まだある。では、F-15とF-35それぞれに求められる役割は何なのだろうか。

「F-35はステルスモードで搭載される兵装とその量も限られます。さらに行動距離の関係もあります。そうなるとF-15とF-35で運用が異なってくるところが当然、出てくると思います。どんな作戦でどちらを使うのかを具体的に考えることになるのです。F-35によって、われわれのタクティクスの幅もだんだんと広がっています。F-15でできなかったことが、F-35が加わわることでできるようになる。その中でF-15が担うものは何なのか？　使い方、活躍の場が変わっても、F-15に期待されている役割は基本的に変わりません」

F-15とF-35それぞれの能力を活かすとともに補完する、ここが今後の空自戦闘機部隊の強さを発揮するカギになるということだ。

強さの源泉

最後のインタビューは飛行教導群司令の鈴木繁直《しげなお》1等空佐（48歳）である。鈴木群司令もかつて飛行教導隊（当時）在籍の経歴があり、ここでの勤務は二度目になる。

上智大学法学部卒業、1993年、一般幹部候補生（83期）として入隊。飛行教育課程では米国留学、T‐38で基本操縦課程を履修した。T‐2の戦闘機操縦課程を経て、初めて乗った戦闘機がF‐15。

「そのデカさに驚き、アフターバーナーの迫力には感動した」と当時を述懐する。

最初の配置は第305飛行隊（百里基地）、「F‐15で育った」と言い切る。

2002年から約2年半、飛行教導隊（当時・新田原基地）に勤務、その後、2004年から米国派遣交換幹部としてアリゾナ州ルーク空軍基地でF‐16の教官を務める。帰国後はF‐2に乗り換え、2010年からは第8飛行隊長（三沢基

飛行教導群司令鈴木繁直1佐。ステルス機の時代になっても格闘戦はなくならないと信じている鈴木1佐。そのためにF-35Aをどう使うか検証している。

地）。2013年から約1年、米国防大学（ワシントンDC）で高級留学生課程（国家安全保障戦略修士）を履修。航空幕僚監部、中部航空方面隊司令部防衛部長を歴任。2018年、航空戦術教導団飛行教導群司令に着任、14年ぶりにF‐15に戻った。

飛行時間2800時間、F‐15、F‐16、F‐2と多彩な操縦経験から現在、空自の中でも、最も戦闘機を知り尽くしているパイロットの一人である。

まずは、群司令の仕事について聞いた。

「基本的には管理者ですが、もちろん私も飛ぶので指揮官兼プレーヤーでもあります。だから、飛行隊長とは、またレベルのちがう管理・統率能力が求められます」

ここで基本に立ち返り、飛行教導群の役割について尋ねた。

「戦闘飛行隊の強さの源泉と言えるでしょうね。もう一つ大きいことは、ここで学んだパイロットたちが各部隊で、また強さの源泉になることです。教導群は、そもそもパイロットにそういう能力を付与するのが役割でもありますから」

F‐15の役割

さて、鈴木群司令にも、現在、そして将来の航空戦の動向について聞いていく。戦闘機に搭載されているセンサーとミサイルの進化で、戦闘機どうしの近距離での格闘戦が占める割合はだんだん小さくなっている。本来、戦闘機の〝お家芸〟である格闘戦はあり続けるのだろうか。

「格闘戦はなくなることはないと思いますね。なくならないということは、その場面で勝てなきゃいけない。したがって、格闘戦の能力は必要だということですね。われわれは想定される戦闘のあらゆる場面において勝たなくてはならない。たとえば、空中戦が百パーセント中距離戦になったとして、そこで百パーセント勝てる装備品などが確立され、空自としても格闘戦はしないとなったら、話は別です」

戦いにおいて百パーセントはない。格闘戦はあり続ける。しかし、少なくなるものもある。お互いの背後を取り合う「ドッグファイト」だ。

「昔のミサイルは相手の後ろからでないと撃てなかったから、一生懸命、そこに入ろうとした。しかし、今は目標に機首を向けなくても、正面、横からでも撃てます」

自機を中心に透明な球形のゾーンがあると想像してみよう。そのゾーン内のある距離に敵機が入れば、自機はどちらを向いていてもミサイルを撃てる。ミサイル自体が敵機を目がけ飛翔して撃墜できる。

「でも、敵機も同じようなミサイルを持っている。逆に言えば、昔の格闘戦のように敵機の背後に入るため、グルグルと旋回をやっている暇はないんですよ。相手を先に見つけたほうが有利になるわけです」

敵機を先に発見して、早く撃ったほうが勝ち。先手必勝なのだ。しかし、話はそう簡単ではない。ウェポンの能力が上がったことで、空中戦の様相は複雑になり、パイロットには従来と異なるスキルが求められてきている。

「たとえば、ミサイルがセミアクティブレーダーホーミングからアクティブレーダーホーミングになった。いわゆる撃ちっ放しのミサイルになった。そして、センサーの能力もよくなっている。状況判断に使えるセンサーが付いた。さらにデータリングが付いたことによって、パイロットに与えられる情報ソースが増えて、かつ、それらを整理しながら戦闘しなきゃならなくなった。そういう意味で複雑化しています」

データリンクとは、戦闘機用データリンク端末装置（ファイターデータリンク：FDL）のことで、簡単に言えば、敵味方の戦闘機、攻撃機、爆撃機などが入り乱れて飛ぶ戦闘空域の状況を自機のセンサーだけではなく、その他の味方機などから得られたすべての情報データを集約させて表示するものだ。つまり、空の戦場の様子がすべて見える。すると、これからの空中戦では情報処理能力が勝敗の帰趨《きすう》を決める。

「そうです。自身の目で見るより、装置に送られてくるデータをもとに敵がこういう状態にあると認知し、情報を整理して、そこで最適な攻撃方法を選んで戦う。そんな能力がパイロットに求められています」

航空自衛隊に配備されたF-35Aの1号機。

となると、後席にＡＩ搭載のロボットが乗る、そんな新しいかたちの複座戦闘機が有利になるのではないだろうか。

「それはありだと思います。情報処理を後席のＡＩロボットが手助けしてくれれば、パイロットの情報処理に使うべき労力を使わなくていい。すると、純粋に戦術判断だけに集中できます。そりゃ、助かりますよ」

次世代の戦闘機には、このような能力が求められることになるかもしれない。

「空自にＦ‐35が導入されて、どのような能力があり、どのように戦えるのかを今、検証しています。それが明らかになれば、空自としてＦ‐35をどう使えば、いちばん能力を発揮できるかが定まってきます」

すると、Ｆ‐15の戦う領域がどこか、その担当も決まる……。

「基本的にＦ‐15は防空戦闘の主力です。今後、Ｆ‐35の取得数が百機以上と劇的に増えれば、また別の話になります。しかし、当面、主力はＦ‐15です。その役割に変化はありません。Ｆ‐15は、まだまだ使わなきゃいけない戦闘機ですからね！」

Ｆ‐15は、しばらくの間、航空優勢を確保する制空戦闘機として日本の防空を担い続けるのだ。

筆者は冒頭で１９９０年代までのイーグルドライバーを〝空飛ぶガンマン〟とたとえたが、それから30年を経た今、これからのイーグルドライバーは〝空飛ぶ早撃ちガンマン〟にならねばならない。

それは自機のレーダーや自身の目はもちろん、味方機、早期警戒管制機、地上の要撃管制官などネットワークからもたらされる情報も使って、相手をいち早く発見し、その状況下で最適の武器を選択して、相手よりも早く撃つ。

これからのＦ‐15、そしてイーグルドライバーに求められる役割について、筆者なりに得た結論である。そして同時にＦ‐15が、まだまだ活躍できることを確認できて、Ｆ‐15とイーグルドライバーたちへの信頼と憧憬は一層、厚くなった。

おわりに――明日のパイロットたちへ

教訓を学ぶ

新田原基地の近く、今日も上空を戦闘機パイロットの後輩たちが、爆音とともにF‐15で駆け抜けていく町に住む森垣英佐氏を再び訪ねた。

1年近くにわたった取材を経て、筆者は森垣氏へ最後に二つの質問をした。

一つ目は、現在、そしてこれからの空自パイロットに望むことである。

「やはり、一パイロットとして、戦闘機に乗ってきた者として、伝えたいのは、死んでもらいたくない。それだけですよ」

森垣氏はひと息おいて静かに語りだした。

「飛行機の機体は飛行中にトラブルが起きたら、捨てないかんのですよ。だから、機体といっしょに命まで捨ててほしくない。機上で、百パーセントやることはやったけど、リカバーできないという時はためらうことなくベイルアウト（緊急脱出）する」

この言葉の背景には森垣氏が目撃した悲惨な事故の教訓がある。

「私がT-2アグレッサーの飛行班長当時、次の隊長の乗機のエンジンがおかしくなった。私も飛んでいて一部始終を見ている。後席搭乗者をベイルアウトさせたあと、隊長はがんばってエンジンの再始動を試みた。でも結局、だめで、ベイルアウトしたが、事故機が爆発した炎でパラシュートが溶けて、墜落死した。その前に脱出してほしかった。機械だから、だめなものはだめなんですよ」

墜落事故の原因のおよそ80パーセントはパイロットのミスとされる。しかし、残りの20パーセントは機材、天候が原因とされる。

「現役のパイロットから講話やアドバイスを求められたら、しゃべりたいこと、伝えたいことはいっぱいある。でも、F-86、ファントム当時の話をしても、時代遅れかもしれん。しかし、機種は違っても、パイロットは同じような危ない目に遭うんですよ」

時代が変わっても、飛行機が揚力と推進力に頼って飛んでいることに変わりはない。

「そう。その危険性をパイロットが正しく認識しているか、そうでないかで事態を変えさせることができる。空中戦訓練をやれば、空中衝突、GLOC、バーディゴの危険もあります。『俺はちがうぞ』と思っていても、基本的な能力は同じレベルなんだから、同じことは起こるんだ、ということを認識するのが大事です」

先輩たちの失敗、危機的状況から生還した実例を少しでも多く聞き、知っているかが、これからも空を飛ぶパイロットにとって自身の命を救うことに直結しているのだ。

「いちばんいいのは、先輩たちと飲みながら話をするといい。『実は、俺はこんなことをしでかしたんだ』と、そういう話を交わしながら、教訓を学ぶんですよ。すると、だんだんと戦闘機乗りの〝箔〟が付いてくるんです」

戦闘乗りの〝箔〟とはなんなのだろうか。

「パイロットは事故を起こして〝箔〟を付けてはあかん。ほかの者に起こったことや失敗したことを、自身に起きた出来事、犯した過ちのつもりで、それを自分のものにする。危機的状況は作為して体験できるものではないからね」

体験した時は終わりだ。

「そう、だから危機的状況を自分なりに解釈して、こういう事態が起こるんだ、その場合はこうする、という対応策を身につける。それが〝箔〟」

筆者は、森垣氏を知る元イーグルドライバーたちから聞いてくれと言われた質問を投げかけた。森垣氏は部下たちに何を残したかったのだろうか。

「俺みたいな隊長がいるんだぞという精気ですよ。私の指導方針は『強く、明るく、逞しく』だったんですけど、これに尽きると思う。やっぱり、戦闘機に乗るのはやりがいがちがいますもん。そのためには、気力も身体も飛行機に負けないようにせんといかん」

パイロットを目指す若者へ

最後の質問をした。日本の防衛に戦闘機とそのパイロットは、かけがえのない戦力である。しかし一方で、わが国の若年人口は減り続け、将来、空自の戦闘機パイロットの確保が困難になるのは間違いない。そこで、これから戦闘機乗りを志す者へのメッセージ、そこで求められる資質について語ってもらった。

「飛行機、とくに戦闘機に対する興味でしょうね。それは『戦闘機がかっこいい』よりも『戦闘機が飛ぶ空の世界とは何か？』という興味。それをかきたてる好奇心、次に飛行機についていける頭脳、そして体力です。それと最後に言いたいのは、命を大切にしてほしい。飛行機は捨てても、命は捨ててはいかんのですよ。これは繰り返し伝えたい」

筆者は、森垣氏のもとを後にした。上空を2機編隊のF‐15が爆音を残して飛び去った。日本の大空を守る〝鷲の翼〟が夏の日差しを受けて、キラリと光った。

最後になりましたが、航空幕僚監部広報室、新田原基地の第5航空団司令部総務人事班長・峰恒平1等空尉、監理部基地渉外室長・前田了2等空佐、小松基地の第6航空団司令部監理部渉外室広報班長・石黒巧眞1等空尉、航空戦術教導団飛行教導群広報班長・石田真也1等空尉には取材調整にご尽力いただきました。厚く御礼申し上げます。

小峯隆生（こみね・たかお）
1959年神戸市生まれ。2001年9月から週刊「プレイボーイ」の軍事班記者として活動。軍事技術、軍事史に精通し、各国特殊部隊の徹底的な研究をしている。著書は『新軍事学入門』（飛鳥新社）『蘇る翼 F-2B—津波被災からの復活』『永遠の翼F-4ファントム』（並木書房）ほか多数。日本映画監督協会会員。日本推理作家協会会員。筑波大学非常勤講師、同志社大学嘱託講師。

柿谷哲也（かきたに・てつや）
1966年横浜市生まれ。1990年から航空機使用事業で航空写真担当。1997年から各国軍を取材するフリーランスの写真記者・航空写真家。撮影飛行時間約3000時間。著書は『知られざる空母の秘密』（SBクリエイティブ）ほか多数。日本航空写真家協会会員。日本航空ジャーナリスト協会会員。

鷲《わし》の翼《つばさ》 F-15戦闘機
—歴代イーグルドライバーの証言—

2020年５月20日　印刷
2020年６月１日　発行

著　者　小峯隆生
撮　影　柿谷哲也
発行者　奈須田若仁
発行所　並木書房
〒170-0002東京都豊島区巣鴨2-4-2-501
電話(03)6903-4366　fax(03)6903-4368
http://www.namiki-shobo.co.jp
編集協力　安井梨乃、富田有美、
　　　　　竹添そら、小川奈々
印刷製本　モリモト印刷
ISBN978-4-89063-398-2